畜禽粪污资源化利用
——集中处理典型案例

全国畜牧总站　组编

中国农业出版社
北京

图书在版编目（CIP）数据

畜禽粪污资源化利用. 集中处理典型案例/全国畜
牧总站组编. —北京：中国农业出版社，2019.12
（畜禽粪污资源化利用典型案例系列丛书）
ISBN 978-7-109-26400-7

Ⅰ.①畜…　Ⅱ.①全…　Ⅲ.①畜禽－粪便处理－废物
综合利用－案例　Ⅳ.①X713.05

中国版本图书馆 CIP 数据核字（2019）第 287288 号

中国农业出版社出版
地址：北京市朝阳区麦子店街 18 号楼
邮编：100125
责任编辑：周锦玉
版式设计：杜　然　责任校对：巴洪菊
印刷：中农印务有限公司
版次：2019 年 12 月第 1 版
印次：2019 年 12 月北京第 1 次印刷
发行：新华书店北京发行所
开本：787mm×1092mm　1/16
印张：10.75
字数：260 千字
定价：75.00 元

前　言

　　十八大以来，党中央把生态文明建设放在突出位置，把绿色发展作为新发展理念的重要内容，做出了一系列重大战略部署。构建种养结合、农牧循环的畜牧业发展新格局，是贯彻绿色发展理念、推进农业供给侧结构性改革和农业可持续发展的必然要求。习近平总书记在中央财经领导小组第十四次会议上强调，加快推进畜禽养殖废弃物处理和资源化利用，关系6亿多农村居民生产生活环境，是一件利国利民利长远的大好事。国务院办公厅印发的《关于加快推进畜禽养殖废弃物资源化利用的意见》，明确要求建立科学规范、权责清晰、约束有力的畜禽养殖废弃物资源化利用制度和种养循环发展机制。农业农村部为加快畜禽养殖废弃物资源化利用，制订了整县推进实施方案，推动区域内资源共享和要素组合，探索县域范围内种养循环一体化的综合解决方案，实现变废为宝、变害为利。在粪污资源化利用项目建设中，优先支持第三方机构和中小规模养殖场构建粪污资源化利用的社会化服务机制，确保项目专业化建设、可持续运行。

　　集中处理模式是在养殖密集区，依托规模养殖场粪便处理设备设施或委托专门从事粪便处置的处理中心，对周边养殖场（小区、养殖户）的畜禽粪污实行专业化收集和运输，并按资源化和无害化要求开展集中处理和综合利用。在当前中小型养殖场仍然是我国畜禽养殖业主体的情况下，集中处理模式对于粪污无害化处理与资源化利用具有重要的现实意义。

　　为进一步加快集中处理模式的推广应用，全国畜牧总站组织畜牧技术推广机构、高等院校、科研院所的10余位专家，组织编写《畜禽粪污资源化利用——集中处理典型案例》一书，旨在通过对集中处理典型案例的总结归纳，为全国各地畜牧技术推广人员、规模养殖场和粪污处理中心的技术人员以及行业管理人员在指导和管理畜禽粪便处理与利用中提供借鉴。本文汇集了我国不同区域内的集中处理案例，围绕肥料化利用和能源化利用两种模式，对每一个案例从基本情况（区域概况、依托主体、处理能力）、运营机制（运营模式、盈利模式）、技术模式和效益分析等四个方面进行了介绍和分析。

由于编写时间仓促，书中难免存有疏漏和不当之处，敬请读者批评指正。我们真诚希望通过大家的共同努力，进一步丰富和完善畜禽粪污集中处理利用模式，更好地服务于现代畜牧业发展。

编　者
2019 年 8 月

目 录

前言

肥料化集中处理典型案例 ··· 1

华北地区 ·· 2

河北石家庄金太阳生物有机肥有限公司 ·· 3

内蒙古自治区巴彦淖尔市临河区 ·· 7

东北地区 ·· 11

黑龙江华泽农牧发展有限公司 ·· 12

华东地区 ·· 17

江苏省常州市武进区 ·· 18

浙江省杭州市余杭区 ·· 23

福建厦门市江平生物基质技术股份有限公司 ·································· 29

山东益生生物肥料科技有限公司 ·· 32

安徽省宿州市埇桥区广润养殖专业合作社 ······································ 40

华中地区 ·· 45

湖北农谷地奥生物科技有限公司 ·· 46

华南地区 ·· 51

广西德林社生物有机肥有限公司 ·· 52

西南地区 ·· 57

四川省泸县畜禽粪污处理中心 ·· 58

四川圣迪乐村生态食品股份有限公司 ·· 63

云南顺丰洱海环保科技股份有限公司 ·· 66

西北地区 ·· 72

甘肃方正节能科技服务有限公司 ·· 73

青海禾田宝生物科技有限公司 ·· 78

青海恩泽农业技术有限公司 ·················· 83

宁夏丰享农业科技发展有限责任公司 ·················· 89

宁夏瑞生源农牧科技发展有限公司 ·················· 92

新疆呼图壁种牛场 ·················· 95

能源化集中处理典型案例 ·················· 99

华北地区 ·················· 100

河北京安生物能源科技股份有限公司 ·················· 101

华东地区 ·················· 108

江苏申牛牧业有限公司 ·················· 109

江西正合生态农业有限公司 ·················· 116

山西资环科技股份有限公司 ·················· 127

福建圣农发展股份有限公司 ·················· 134

山东启阳清能生物能源有限公司 ·················· 138

山东民和牧业股份有限公司 ·················· 144

山东青岛中清能生物能源有限公司 ·················· 151

华中地区 ·················· 157

河南未来再生能源股份有限公司 ·················· 158

肥料化集中处理
典型案例

□□□□□□□□ □□□□

华北地区

河北石家庄金太阳生物有机肥有限公司

一、基本情况

1. 区域概况 晋州市畜禽养殖有生猪、蛋鸡、奶牛三大主导产业，养殖以"小规模、大群体"家庭养殖模式为主，尤其以生猪养殖为代表，存栏100～300头的养猪场居多，存栏300～500头的养猪场明显比例较小，存栏500头以上的养猪场占比不足1%。蛋鸡养殖以存栏2 000～5 000只的居多，存栏5 000～10 000只的较少，存栏10 000只以上的不足2%。奶牛养殖存栏400～1 200头的有6家，肉牛以散养为主。畜牧业逐步向规模化、产业化、标准化发展，规模养猪场相对集中在东里庄镇、马于镇、东卓宿3个乡镇，规模养鸡场相对集中在槐树镇、桃园镇，规模奶牛场在全市范围均有分布。

2. 依托主体 石家庄金太阳生物有机肥有限公司（图1）成立于1998年，专门从事养殖废弃物高价值肥料化的循环利用。公司坚持"集团化生产、一体化经营"策略，通过"科技创新、营销创新和管理创新"，成功实现养殖废弃物的高价值肥料化循环利用。经营上，在全国建有14个销售分公司，产品畅销全国26个省（自治区、直辖市），连年实现零库存。目前的畜禽粪便年处理能力120万吨，可转化颗粒生物有机肥料30万吨，在全国同行中居首位。"地欣"牌商标被认定为生物肥行业的中国驰名商标（图2）。

3. 处理规模 目前该公司在石家庄蛋鸡养殖集中区（辛集、藁城、无极、冀州、赵县）建有6个畜禽粪便初级发酵分厂，覆盖率达到80%，辐射养鸡场1 000多个，收集3 000万只鸡粪，年收集量达到120万吨。发酵转化的有机肥再集中到颗粒肥生产总厂，转化为具有土壤改良和生态修复功能的系列生物肥料。同时有效利用石家庄市11个畜牧养殖大县病死畜禽无害化处理厂加工的畜禽产品，采用碎肉蛋白酶技术进行水解，生产液体肥料。

图1　厂区概貌

图2　有机肥产品

二、运营机制

1. 运营模式 公司采取商业化收集粪便、专业化生产有机肥、市场化运作经营的肥料化利用模式，实现循环利用和清净化生产。畜禽养殖粪污，经过有机肥原料厂、规模造粒车间、颗粒均化车间、颗粒冷包膜车间4个工序处理变成有机肥。该公司实现畜禽粪便第三方处理模式的良性运转。公司的技术创新，解决了普通有机肥运输半径小、销售难等行业难题。在周边集中养殖区，建设多个卫星发酵厂，实现固态粪污的就地无害化；进行产品深加工，将普通有机肥转化为市场急需的系列高价值肥料，实现良性发展。公司延长产业链，创建了"高质量生物有机肥料＋绿色生产基地＋全程技术服务＋蔬菜收储＋蔬菜直销到餐桌"的全产业链生产和直营模式；启动了"千村万店农技服务站"工程，建立了500个村级服务站，覆盖12个蔬菜生产大县，发展示范会员1万人，覆盖人数10万以上，辐射特色种植作物50万亩[*]，回收农产品，在全国20多个省级果蔬批发市场自行建有蔬菜销售部。

2. 盈利模式 2016年，公司启动"千村万店农技服务站"工程，在赵县、深州、肃宁、顺平、清苑、满城、香河、永清、固安等地建立500个村级服务站，在每个站筛选20～30个种植大户作为公司会员，覆盖人数10万以上。

公司创建"高质量套餐肥料＋特色生产基地＋贴心服务"的直接营销模式，对所有会员实行5个统一：统一金太阳生物套餐肥，优惠30%；统一技术管理，解决种植难题，让会员种出好产品；统一农产品回收，解决好产品卖不了好价格的问题；统一销售，所有产品可溯源，确保农产品质量；统一配送，安全到餐桌，确保食用安全。5个"统一"模式的带动，实现了养殖废弃物在种植业的高效循环利用，达到了两减四提一增：两减，即会员农用生产资料投入成本降低30%；增施有机肥减少化肥使用量20%。四提，即农产品品质提升，回归自然；土地有机质提升，土地更肥沃；农产品附加值提升30%；产量提升20%。一增，即按40元/吨价格年收购畜禽粪便120万吨，使养殖户增收4800万元。

三、技术模式

1. 模式流程 见图3。

2. 收运模式 在收储运体系上，每个原料厂公司都配有专业车队，就近收购，减少运输途中的污染，发酵好的粪肥运到金太阳生产基地，生产生物肥料。

3. 处理技术 畜禽养殖粪污，经过有机肥原料厂、规模造粒车间、颗粒均化车间、颗粒冷包膜车间四个工序处理，变成有机肥（图4和图5）。

4. 利用模式 金太阳采取商业化收集粪便、专业化生产有机肥、市场化运作经营的肥料化利用模式，实现循环利用和清净化生产。2017年公司被国家农业废弃物循环利用联盟确定为"养殖废弃物肥料化利用模式"示范基地，其运营模式被作为全国六大模式典型之一，向全国推广。同时，公司延长产业链，创建了"高质量生物有机肥料＋绿色生产基地＋全程技术服务＋蔬菜收储＋蔬菜直销到餐桌"的全产业链生产和直营模式。

---

[*] 亩为我国非法定计量单位，1亩≈667米²。——编者注

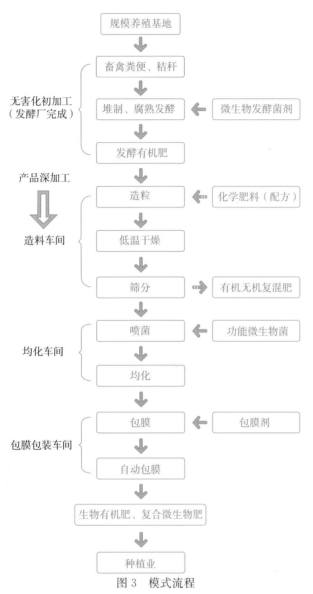

图3　模式流程

图4　有机肥生产车间

打造农产品安全可溯源
节能减排、节肥增效
实现产供销全程一体化

养殖废弃物处理
年处理畜禽粪便120万吨

生物有机肥料
全国建有3个分厂，转化颗粒生物有机肥料30万吨，在全国同行中居首位

绿色果蔬基地（公司+农户）
在省内十几个县建立了500个村级农技服务站，公司示范会员1万人，覆盖农户10万元以上，辐射特色种植作物50万亩；创建了"高质量生物有机肥料+绿色生产基地+全程技术服务+从种植到餐桌"的直营模式

绿色仓储（万吨气调库）
建成了分拣、冷藏、物流配送为一体的大型仓储基地

大数据果蔬销售平台
实现了互联网、物联网与基地的统一结合，建成了农产品内部供销信息平台

物流智能配送
实现了农产品从基地到餐桌的全程安全可溯源，做到了从肥料生产到安全食用的循环农业

安全餐桌
实现了生态安全（节能减排、节肥增效），食品安全（品质提升、安全溯源）

图 5 种养结合循环利用模式

四、效益分析

该模式拓展了粪污利用空间，加快了粪污治理步伐，取得了良好的经济、环境、社会效益。畜禽粪便年处理能力 120 万吨，可转化颗粒生物有机肥料 30 万吨，减少化肥使用量 30% 以上，养殖户增收 4 800 万元。

内蒙古自治区巴彦淖尔市临河区

一、基本情况

1. 区域概况 临河区地处河套平原腹地，南临黄河、北依阴山，属典型的农牧交错带，总面积 2 333 千米^2。临河区现有耕地面积 216.8 万亩，是国家重要粮油生产区，主要种植农作物有玉米、小麦、向日葵、番茄等，农作物收获籽实后，其秸秆等农作物副产物及加工副产物都作为养殖业的饲料。临河区依托独具特色的自然资源优势和农业优势，大力发展草食畜牧业，按照"以地定养、以种促养、种养结合、三产融合"的发展思路，着力打造绿色畜牧业。养殖畜种以肉羊为主，其次有奶牛、肉牛、生猪、家禽等。2018 年年底，畜禽存栏量 240.49 万头（只），其中，羊存栏 164.81 万只、牛存栏 1.84 万头、猪存栏 7.17 万头、鸡存栏 66.4 万只、其他 0.27 万头。现有规模养殖场 187 家，其中，肉羊规模养殖场 110 家、奶牛规模养殖场 7 家、肉牛规模养殖场 10 家、生猪规模养殖场 45 家、蛋鸡规模养殖场 15 家。

2. 项目主体

（1）村组规划建设粪污堆肥沤肥场 在 1 万只以上羊单位*的村组规划建设粪污堆沤场，收集没有地方建设粪污存贮池的小散养殖户的粪污，统一无害化处理，就近还田利用。临河区规划建设堆肥沤肥场 40 处，每处堆沤场容积 500～1 000 米^3，辐射半径 3～5 千米，年可收集畜禽粪污 10 万吨。

（2）乡镇建设区域粪污集中处理中心 在离城区较远、地域面积较大的北部 5 个乡镇建设粪污区域集中处理中心，集中处理养殖场内无粪污存贮池建设场地养殖场（户）的粪污和村组堆沤场的粪污。处理中心配套粪污存贮设施、发酵设备、翻抛机、成品肥堆放设施、计量设施等。采用纳米膜好氧堆肥发酵技术、条垛式发酵技术进行无害化处理，畜禽粪污经无害化处理后一部分就近还入本乡镇农田，一部分作为原料提供给商品有机肥厂。临河区规划建设区域集中处理中心 5 处，每处占地 10～15 亩，每个集中处理中心辐射处理半径 10～20 千米，年可处理粪污 10 万吨。

（3）商品有机肥生产厂 建设商品有机肥生产厂 14 家，商品有机肥生产厂粪污处理能力 150 万吨。有机肥厂处理规模养殖场的粪污，把区域集中处理中心发酵好的粪直接加工成颗粒肥或配方肥等，提高有机肥生产效率。

3. 处理规模 临河区畜禽粪污年产生总量 206 万吨，其中羊粪污产量 150 万吨。规模养殖场粪污处理设施配套率达到 90%，畜禽粪污综合利用率达到 80%。

---

* 羊单位：一只体重 45 千克、日消耗 1.8 千克草地标准干草的成年绵羊（NY/T 635—2015）。

二、运营机制

临河区以"粪"为"媒"，用粪将种植户、堆沤场、处理中心、有机肥厂等环节的利益相关联，相互取利，建立起"粪+N"长效运行机制（图1）。

1. 以粪换肥 对有耕地的养殖户采取以粪换肥的模式：养殖户将畜禽粪污运输到区域集中处理中心，中心以等价交换方式兑换给养殖户一定量发酵后的有机肥，养殖户既节省了治理粪污的费用，农田施入发酵肥后，又有效减少了化肥使用量，生产绿色饲草料，省心、省事、绿色、高效。

2. 以粪换草 对没有耕地的养殖户采取以粪换草的模式：养殖户将畜禽粪污运输到区域集中处理中心，中心以等价交换方式兑换给养殖户一定数量的饲草、秸秆粉、玉米、饲料等，养殖户拉回去就能饲喂给畜禽，把"令人头疼"的粪污垃圾变成了急需的饲草料，从此粪污不是"累赘"，而是"钱财"。

3. 以草换粪 没有草食家畜的种植户将玉米秸秆拉到处理中心，中心以等价交换方式，把经发酵无害化处理过的粪肥兑换给种植户，减少种植户化肥使用量。区域集中处理中心将种植户和养殖户联系起来，减少了农作物秸秆造成的污染，形成循环经济。

4. 以旧膜换粪 种植户将自家地里的废旧薄膜及时回收，拉到区域集中处理中心，兑换成高效有机粪肥，减轻了地膜对耕地造成的白色污染，区域中心将种植户交来的废旧地膜到地膜回收厂兑换成"国标"地膜，返还给种植户，形成良性循环，有效促进了临河区"控膜、控水、控肥、控药"四控行动的实施。

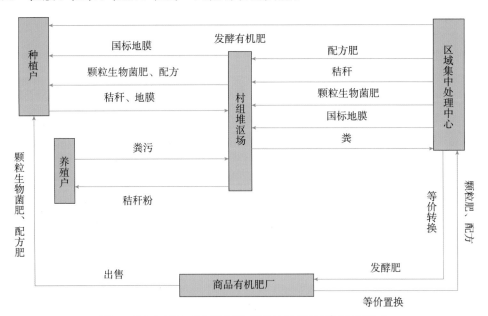

图1 临河区畜禽粪污资源化利用长效运行机制循环模式

5. 以粪换国标膜 村组堆沤场收集的粪污运到集中处理中心，兑换成"国标"地膜、成品有机肥、化肥等农民需要的农资，回村后根据各户累计交粪量折算成商品分发给村里交粪的养殖户，既充分发挥了村集体合作经济组织的作用，又有效治理了散户粪污，使村农牧业生产规范发展。

6. 以肥换钱 通过和养殖户、种植户置换，村集体合作组织、乡镇区域集中处理中心会有剩余的发酵好的粪，将这部分粪销售给有机肥厂、设施农业园区、种植大户等获得效益。

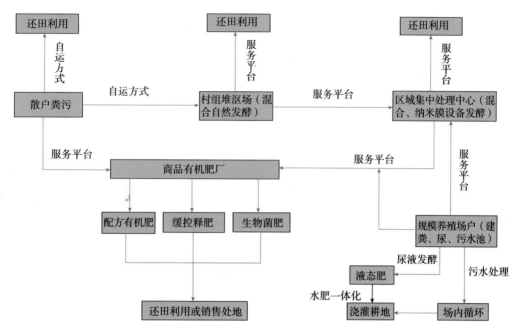

图2 临河区畜禽粪污无害化处理资源化利用技术路线

三、技术模式

1. 模式流程 见图2。临河区以就近资源化利用为指导，建立了养殖户暂存、村组堆沤场收储、区域处理中心初级处理、有机肥厂商品肥料化处理联动结合的处理技术模式，并通过建立社会化服务平台，将养殖业和种植业连接起来，实现粪污处理与利用的有机结合，达到种养结合循环利用的目的。

2. 利用模式

（1）自行处理就地利用 全部规划配套建设固体粪便存贮池、液态污物存贮池、氧化塘、发酵池、污水处理池等设施，配套固液分离机、粪污发酵设备等。有条件的规模养殖户，粪污在养殖场内就地经发酵无害化处理后还田，年畜禽粪污处理量30万吨。

（2）养殖密集区集中收集处理就近利用 在羊单位1万只以上的村组规划建设粪污堆沤场，收集没有地方建设粪污存贮池的小散养殖户的粪污，统一无害化处理，就近还田利用。临河区规划建设堆肥沤肥场40处，每处堆沤场体积500～1 000米³，辐射处理半径3～5千米，年可收集畜禽粪污10万吨。

（3）养殖分散区集中收集处理分散利用 在离城区较远、地域面积较大的北部5个乡镇规划建设粪污区域集中处理中心，集中处理养殖场内无粪污存贮池建设场地的养殖场（户）的粪污和村组堆沤场的粪污。处理中心配套粪污存贮设施、发酵设备、翻抛机、成品肥堆放设施、计量设施等。采用纳米膜好氧堆肥发酵技术、条垛式发酵技术进行无害化处理，畜禽粪污经无害化处理后一部分就近还入本乡镇农田，一部分作为原料提供给商品有机肥厂。临河区规划建设区域集中处理中心 5 处，每处占地 10～15 亩，每个集中处理中心辐射处理半径 10～20 千米，年可粪污处理 10 万吨。

建设商品有机肥生产厂 14 家，商品有机肥生产厂粪污处理能力 150 万吨。有机肥厂处理规模养殖场的粪污，把区域集中处理中心发酵好的粪直接加工成颗粒肥或配方肥等，提高有机肥生产效率。

（4）联系各类主体　服务平台为养殖户、堆沤场、区域集中处理中心、有机肥厂提供社会化服务。服务平台配备液态粪污运输车辆、固体粪便运输翻斗车、铲车、吸污车、挖机、撒粪车、移动式发酵设备等，通过社会化服务，把养殖场（户）粪污、堆沤场粪污运输到区域集中处理中心处理，再将区域集中处理中心经无害化处理的粪肥运输到有机肥厂或耕地，利用撒粪车为种植大户提供撒粪服务，为有机肥厂提供运输服务。服务平台将粪污治理的各点连成线，将养殖和种植连接起来，把线织成面，粪污治理全覆盖，种养结合循环发展。

3. 处理技术　临河区主要采用纳米膜好氧堆肥发酵技术处理畜禽粪污。牛、羊粪含水量小、有机质含量高，猪鸡粪含水量大、氮素含量高，把牛、羊、猪、鸡四类畜禽粪污混合后碳氮比达到适宜比例，用较稀的粪或尿液把水分含量调节到 65% 左右，固体粪便、液体粪污同时治理，降低治理费用，添加复合微生物菌群，用纳米膜完全覆盖，输氧机自动输送氧气，在膜内形成"人工微生态"，利用微生物代谢能产生高温杀灭有害物质，通过好氧微生物降解作用将畜禽粪便中的蛋白质、果胶、多糖等有机物质降解成相对稳定的腐殖质状物质，变成植物能吸收的小分子有机肥。每套设备一次能发酵处理粪污 200 米^3，发酵时间 15～20 天，在寒冷冬季可正常工作，不受季节限制。纳米膜的孔径只有头发丝的 1/500 000，只允许水蒸气、二氧化碳等小于纳米膜孔径的物质通过，将臭气大分子、病原菌、粉尘等截留在膜内，有效解决了粉尘、臭气污染空气问题，发酵过程无需翻抛，省事、省力、省时，有机物降解彻底肥效好，发酵 1 吨粪污成本只有几元钱，运行成本低。

四、效益分析

粪污处理设施设备总投资 6 000 万元，年处理畜禽粪污 153 万吨，生产有机肥 70 万吨，其中 30% 加工成颗粒肥、70% 为散肥，按每吨散肥价格 300 元、每吨颗粒肥价格 1 500 元计，年收益 4.62 亿元；有机肥可施入 70 万亩耕地，每亩地可节约磷酸二铵 50 千克，年节约化肥费用 1.015 亿元；耕地生产出绿色蔬菜、小麦，年可增值 1 亿元。粪污资源化利用后，带动增加收益 6.77 亿元，效益可观。

东北地区

黑龙江华泽农牧发展有限公司

一、基本情况

1. 区域概况 望奎县是黑龙江省绥化市所属县，地处黑龙江省中部松嫩平原与小兴安岭西南边缘的过渡地带，所辖 15 个乡镇；全县面积 2 320 千米²，2010 年人口达 49 万人。地势东高西低，东部为丘陵漫岗区，中部为漫川漫岗区，西部为低洼平原区，平均海拔 167 米。全县耕地 212 万亩，粮食作物种植面积 245 万亩，以甜菜、烤烟、万寿菊为重点的绿特色经济作物种植面积达到 70 万亩。属于北温带大陆性半湿润季风气候区，全年分为明显的干湿两季，夏季炎热多雨，冬季寒冷干燥。东、南有四望公路和绥望二级高等公路与滨北铁路相接；西有青望二级黑色公路与哈黑 202 国道相接；北有海望公路与海伦市相通，交通十分便利。

望奎县连续 10 年被农业部确定为"全国生猪调出大县"，先后被评为"中国瘦肉型生猪之乡""国家级生猪标准化示范县""黑龙江省畜牧工作先进县"。2018 年全县生猪、肉鸡年饲养量分别达到 351.7 万头和 3 000 万只，畜牧业总产值和增加值分别实现 44.5 亿元和26.7 亿元，占农业总产值和增加值的 52.5％和 63.1％，畜牧业产值已占据农业产值的"半壁江山"，年转化粮食 5 亿千克以上，转化利用秸秆 30 万吨，实现过腹增值 2.5 亿元，拉动养殖户人均年增收超 5 000 元，约占农民人均纯收入的 50％。

2. 依托主体 黑龙江华泽农牧发展有限公司注册资本 5 000 万元，公司响应国家生态农业种养结合的号召，针对畜禽养殖污染治理、农业废弃物循环利用、科学种田施肥等一系列问题，先后与中国农业大学、黑龙江省农业科学院、东北农业大学密切合作，共同开发微生物和有机固废生物综合无害化处理系列技术产品，通过大量的科学研究和技术验证，研发了智能精准生产生态肥及其核心生产工艺，并注册了"肥因美"肥料商标。公司将以"望奎模式"助力国内生态循环农业创新发展。

3. 处理规模 黑龙江华泽农牧发展有限公司集中处理项目位于望奎县灵山乡正兰后头村。项目达产后年处理畜禽粪污 5 万吨、作物秸秆 3 万吨，生产堆肥、商品有机肥、有机无机生态肥以及发酵基质 8 万吨，可利用发酵基质进行条垛堆腐周边 20 万亩秸秆，辐射周边8 个村和 1 个规模化养殖场，带动区域内肉牛养殖 160 户（总存栏 3 173 头）、肉羊养殖 38 户（总存栏 5 153 只）、生猪养殖（存栏 27 092 头）的粪便和污水实现资源化利用。

二、运营机制

1. 运营模式 处理中心辐射 15 千米以内的养殖场，在辐射半径内村屯，每个村屯建立一处粪污收集点。公司将其承包给当地农户责任管理，每个收集点农户月工资 3 000 元＋绩效浮动2 000元。公司集中用粪污收集车将收集点粪污运送到处理中心，经处理后腐熟粪污变为有机肥料，结合黑土地保护、高标准农田建设、地力提升与化肥减施等项目就近就地还田施用或作为商品肥进入市场销售。

运行上利用测土施肥大数据平台，采取"互联网＋服务＋销售"模式，形成联千家带万户的创新方式，进而真正做到种地与养地相结合，种植业与养殖业相结合（图1）。

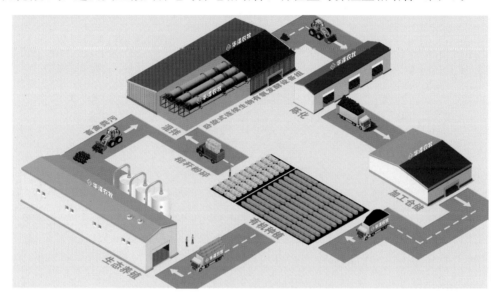

图1 种养循环模式

2. 盈利模式 公司以处理粪污和产销肥料双重获取利润模式运营。粪污处理上根据粪污种类和干物质含量不同收取不同的处置费或支付费用。具体费用一事一议。如干鲜鸡粪每吨支付给养殖户10～20元。固体物含量5％～10％的猪粪收取10元/米³ 的处置费，固体物含量大于25％的干清粪不收处理费。通过收费杠杆有效达到源头减量的初衷。通过试运营初步测算每个纯量养分成本20元左右，每个有机质生产成本4元左右，所生产的初级有机肥养分含量平均3％左右，有机质平均30％左右。成本190元左右，市场价值320元，每生产一吨初级有机肥可获得毛利润130元。主要有利用堆肥辅料田间秸秆堆肥、生物有机肥、商品有机肥、有机无机生态肥等四种肥料。公司把生产的一部分肥料提供给农户并与农户签订玉米收购合同，把其余部分有机肥提供给种植大户或农户，用有机肥代替化肥。

三、技术模式

1. 模式流程 采用秸秆粪污快速发酵技术，主要处理工艺为将畜禽粪污先进行固液分离，液体经过快速沉降系统后，进入常温厌氧发酵囊。固体部分与辅料（秸秆、矿粉）、生物菌剂进入卧旋式生物好氧连续发酵设备，发酵菌剂快速繁殖，产生热量，12～48小时发酵即可进入60～70℃高温阶段，同时封闭发酵设备内氮化物和硫化物等气体不易散失，可反复被好氧微生物固定利用，减少恶臭气体的产生并增加物料的养分含量。物料在发酵设备内经3～5天发酵后，达到无害化，最终离开发酵设备经过传输进入腐熟车间陈化（图2）。

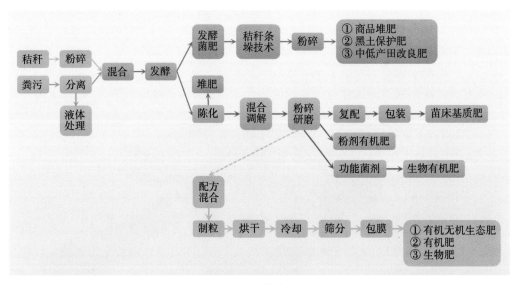

图 2　工艺流程

2. 收运模式　处理中心辐射 15 千米以内的养殖场所产生的固体粪污由养殖场专用集粪车运至粪污收集点，公司集中用粪污收集车将收集点粪污运送到处理中心，由处理中心人员将干清粪卸在储粪场指定位置，并由处理中心人员将干清粪进行简单的除臭处理，在储粪场中予以暂存。秸秆由专业农民合作社收集打包后，统一运送到处理中心（图 3和图 4）。

图 3　储粪场　　　　　　　　　图 4　秸秆存储场

3. 处理技术　整个发酵过程可通过计算机操作系统自动智能运行，物料在设备内发酵时间为 3～5 天，发酵温度可达 60℃以上。生产过程中需向罐内注入空气并翻动物料以保证生物菌氧气供应和水分散发，所产生的废气经无害化处理后予以排放。按工艺要求可以设定罐体转动时间、间隔时间、通风时间并实现自动运行，同时还可实现远程监控与工艺参数记录等（图 5 和图 6）。

4. 利用模式　①生产商品有机肥料、生物有机肥和有机无机生态肥（图 7）；②生产发酵基质用于秸秆条垛堆肥；③作为土壤改良剂还田利用。

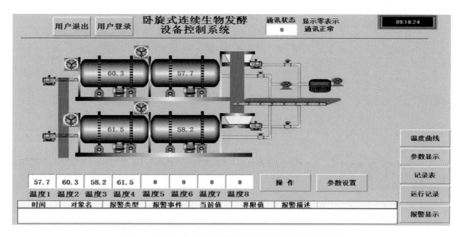

图 5　卧旋式连续生物发酵生产线系统界面

图 6　主自控系统现场布局

图 7　有机肥生产

四、效益分析

1. 经济效益　综合来看，处理中心年运行成本 200 万元，年固定资产折旧费用 70 万元，预计年销售收入 500 万元，实现利润 150 万元。具体生产不同产品效益和成本详见表

1、表2。

表1　单位产品成本（元）

名称	堆肥	发酵基质肥	商品有机肥	生物有机肥	有机无机生态肥
原料成本	0	0	60	60	100
辅料	20	35	240	340	2 100
人工	30	35	40	40	80
燃动费	25	26	30	30	120
机物料	30	31	40	40	60
包装	0	0	40	40	60
小计	105	127	450	550	2 520
设备折旧	55	55	37	37	
利润	20	50	163	213	
每吨出厂价	180	240	650	800	3 000

表2　单项产品满产效益分析

名称	堆肥	发酵基质肥	商品有机肥	生物有机肥	有机无机生态肥
销售数量（万吨）	2	2	4	4	10
销售收入（万元）	360	480	2 600	3 200	30 000
利润（万元）	40	100	652	852	4 690

注：单项产品满产效益指生产出的全部原料仅用于生产一种肥料所产生的效益。

  2. 社会效益　①实现畜禽粪污和秸秆处理设施标准化和规范化，探索秸秆与粪污结合利用新生产工艺和技术方法，发挥出引领、示范和带动作用。②实现畜禽粪便及秸秆无害化、资源化、减量化、生态化处理的同时，生产生态肥料和消除农村农作物秸秆焚烧对雾霾形成的影响。

  3. 生态效益　①利用设备设施将传统堆肥技术工厂化和规模化，实现了发酵时间短、操作简单、能耗低、发酵产物腐熟度高、运行成本低、性状稳定、可连续不间断生产等突破，找到了农村畜禽粪污与秸秆污染治理综合利用的新路径，有效支撑了乡村"天更蓝、水更清和山更美"。②为发展有机果蔬种植产业、生产绿色有机食品和降低化肥施用量，保护黑土地资源探索了新途径，推动了种植和养殖废弃物循环再利用，加速了节能减排与循环经济发展进程。

华东地区

江苏省常州市武进区

一、基本情况

1. 区域概况　武进区隶属于江苏省常州市。近年来，武进区围绕做强做优畜牧产业，努力推进产业化进程，积极引导畜牧主导品种向产业化、规模化、集约化方向发展，以规模降成本，以集约创效益。重点推行龙头企业带动模式，不断提升畜牧生产产业化程度，逐步形成了以枫华牧业为龙头养殖相对集中的生猪产业链和以立华牧业为龙头带动辐射周边农户的优质肉鸡产业链，全区畜禽养殖业产业化水平不断提升。

截至 2018 年 12 月底，全区生猪年饲养量 16.17 万头，年末存栏 5.44 万头，全年出栏 10.73 万头；家禽年饲养量 492.7 万只，年末存栏 82.06 万只（其中鸡 77 万只，鸭 2.76 万只，鹅 2.3 万只），全年出栏 351.85 万只；全年肉类产量 1.38 万吨，禽蛋产量 0.15 万吨；全区畜禽养殖规模化程度，生猪 89.55%、肉禽 92.69%、蛋禽 100%，生猪大中型规模场比重 85.09%，全面完成省、市规定目标。

2. 依托主体　武进区礼嘉畜禽粪污处理中心位于武进区礼嘉镇"万顷良田"内，2012年 10 月竣工运行。处理中心实行企业化运作、政府补贴的形式，通过公开招标方式确定常州市武农生态能源工程有限公司作为运营公司。常州市武农生态能源工程有限公司成立于2008 年，是专业从事环境治理、清洁能源沼气工程及生态修复的高科技、创新型企业，经过多年努力现已成为一家集研发、设计、生产、施工、技术服务和维护管理的综合型科技企业。常州市武农生态能源工程有限公司依靠自己的研发团队，同时依托科研院校的技术优势，确保了公司的技术创新和技术储备，并保持了公司在市场上的核心技术竞争力和可持续发展。2010 年公司获得了省建设厅颁发的环保工程（限农村可再生能源）专业承包资质证书，是常州市唯一一家取得本专业资质的企业。2014 年公司获得江苏省住房和城乡建设厅颁发的环保工程专业承包资质证书，2015 年公司被江苏省质监办授予"江苏省名优企业称号"。

3. 处理规模　武进区礼嘉畜禽粪污处理中心收集处理的畜禽粪污来自周边范围内两个镇共 38 家养殖场，共计存栏 1 万余头生猪。根据各养殖场的分布和养殖数量，将粪污收集分为 3 个片区，每片区各确定 1 名责任人，片区责任人制订收集计划表，将每天的清运计划安排到户，确保工作有序高效开展。现收集处理的污染物为粪便、尿液及冲圈水，年收集处理量约 3 万吨。

二、运营机制

1. 运营模式　武进区礼嘉畜禽粪污处理中心，总投资约 1 100 万元，全部由政府财政出资。处理中心建成后采用"养殖收集、社会化清运、企业处理、区镇监督"的模式运营。首先，由政府统一出资为处理中心周边各家养殖场进行雨污分流改造，根据养殖规模配套建设粪污收集暂存池并配备搅拌设备；然后，通过公开招标确定运营公司，每天由运营公司派专业粪便清运队伍使用吸污车负责将各家养殖场暂存池中粪污转运至处理中心；最后，收集的粪污通过处理中心的1 500米³大型沼气工程厌氧发酵处理，生成清洁能源沼气，沼气用于发电和烧制热水，沼液用于周边农田。处理中心每年运行费用130万元左右，全部由政府财政承担。处理中心通过建立运营综合考核机制，加强对运营公司的监管力度，保障处理中心安全、正常运行。

2. 盈利模式 武进区礼嘉畜禽粪污处理中心每年投入的运行成本主要包括人员工资费用，吸污车的汽油、保险、维修费用，培训费用，电费和土地租金等，运行成本合计每年150万元左右。处理中心每年取得的经济收益包括沼气制热水收益、生产有机肥收益及沼气发电收益等，经济收益合计每年20万元左右。

综上，由于每年维持处理中心运行投入的成本远大于取得的收益，处理中心截至目前没有盈利，而是作为一项公益类项目依靠财政补贴资金维持运营。

三、技术模式

1. 模式流程 见图1。

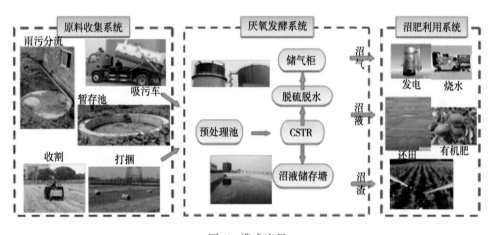

图1 模式流程

2. 收运模式 武进区礼嘉畜禽粪污处理中心目前收运的主要是畜禽粪污，后期根据需要还会增加秸秆的收运。畜禽粪污的收运体系主要包括养殖场粪污暂存池和吸污车（图2和图3）。各养殖场由政府出资统一进行雨污分离改造，铺设了密闭的粪污管道，并根据养殖规模在猪舍排污口附近统一建造粪污收集暂存池，暂存池的有效容积根据贮存3～5天的排污量设计，分别按照小、中、大三种规格来建造，总容积为654米³。同时根据收集粪污总量和进入养殖场道路，配置了4辆吸污车（2.665吨容量2辆，4.6吨容量1辆，8.8吨容量1辆）吸污车的收集半径是15千米，每天由运营公司将清运计划安排到户，使用吸污车将各家养殖场暂存池中粪污转运至处理中心进行处理。粪污运输所需的费用全部由政府财政资金承担，不收取养殖场任何费用。4辆吸污车每天运输总里程约500千米，平均每天收集粪污100吨。

图2　养殖场粪污暂存池　　　　　　　图3　吸污车

3. **处理技术**　收运来的畜禽粪污经过武进区礼嘉畜禽粪污处理中心的大型沼气工程厌氧发酵，杀灭寄生虫卵和各种有害病原，进行无害化处理，生成清洁能源沼气。大型沼气工程包括1 500米³的厌氧发酵罐和600米³贮气柜，以及沼气净化利用等配套设施。采用目前比较成熟且适合高浓度发酵的全混式连续搅拌反应系统（continuous stirred tank reactor, CSTR）发酵工艺。在发酵罐顶部或侧面设置机械搅拌装置，使高浓度的发酵原料在罐内与原来的料液充分混合，有利于提高发酵装置的处理效率（图4至图6）。

图4　粪污转运　　　　　　图5　厌氧发酵罐　　　　　图5　搅拌反应系统

4. **利用模式**

（1）沼气利用　厌氧发酵产生的沼气储存在贮气柜内，专门配置了一台82千瓦发电机组（图7）和1吨的热水锅炉（图8），一部分沼气用于82千瓦的发电机组发电，供应处理中心内的设备用电；大部分可以作为沼气热水锅炉的燃料，烧制95℃的热水，供周边用户使用。目前每天产生沼气约500米³，供应处理中心用电和烧制热水。

（2）沼液沼渣利用　由于粪污的浓度相对较低，沼液、沼渣不进行固液分离，而是直接还田利用。产生的沼液贮存在沼液存储塘中，共建有2个沼液存储塘，容积分别为4 000米³和5 000米³，沼液平日储存在沼液存储塘，避免流入河道形成二次污染。在种水稻和小麦前，约在5月底和9月底作为基肥施用，不进行稀释，利用礼嘉"万顷良田"园区的排灌设施每亩6～8吨，施用范围2 000亩；在8月初和3月初以1∶（1～2）稀释后分别对水稻和

图7　发电机组　　　　　　　　　　　　　图8　热水锅炉

小麦进行追肥，亩用量4～5吨。此外，附近100亩苗木基地用沼液施肥，不受季节限制（图9和图10）。

图9　沼液储存塘　　　　　　　　　　　　图10　沼液还田利用

四、效益分析

1. 经济效益

（1）沼气制热水收益计算　常州市热水市场收购价格为30元/吨，以出厂价14元/吨计算，3天卖掉1车水（8吨），则年收入为8吨/车×120车×14元/吨＝1.344万元。

（2）沼气发电收益计算　处理中心每天各电器运行共需耗电约60千瓦·时，电费按0.80元/（千瓦·时），则全年沼气发电收益为60（千瓦·时）/天×0.80元/（千瓦·时）×365天＝1.75万元。

（3）减少化肥使用量　以碳酸氢铵化肥为测算标准。碳酸氢铵含氮量为17.7%，目前市场价格为700元/吨。沼渣含氮量取1%，年产量3 168吨，相当于179吨的碳酸氢铵。沼液含氮量取0.05%，年产量2.8万吨，相当于79吨的碳酸氢铵。合计年产沼渣、沼液全部施用，相当于 260 吨的碳酸氢铵化肥，节约使用化肥资金 18 万元。

(4) 总收益计算 产气收益 1.344 万元/年，有机肥收益 18 万元/年，电能收益 1.75 万元/年，合计 21.094 万元/年。

在实际运营过程中，只有 1.34 万元热水为现实收益，直接体现为现金收入。其他各项都是潜在的，或者不是处理中心的直接收入。年总收益为 21.094 万元，年运行成本（管护费）为 150 万元左右，年亏损约 130 万元，需依靠财政补贴资金维持运营。

根据《江苏省太湖流域主要水污染物排污权有偿使用和交易试点排放指标申购核定暂行办法》第十八条："2008 年 11 月 20 日前，已通过环评审批，年排放化学需氧量在 10 吨以上的工业企业，化学需氧量指标按 2 250 元/吨征收；第十九条：2008 年 11 月 20 日及以后，通过环评审批的新、改、扩建项目排污单位（包括接管企业）新增化学需氧量指标，按 4 500 元/吨·年征收。"以每吨 COD 排放征收指标费 2 600 元计算，则每年养殖场相当于支付 116 万元 COD 排放指标费。也就是说，该项目给予 38 家养殖场 116 万元的资金扶持，增加了社会财富。

2. 社会效益 小规模养殖场（户）自我解决污染的能力和承受惩罚的能力较弱，自身很难投入资金解决污染问题，同时政府监管也很困难。武进区政府转变监管角色，改为向农民提供服务，由政府建设武进区礼嘉畜禽粪污处理中心，将分散式养殖场的畜禽粪污收集起来，统一进行无害化处理，以"购买服务"的方式，招标公司进行规范化运营管理。项目实施后有效减轻了畜禽粪便和秸秆资源就地焚烧对环境所造成的污染，沼渣沼液还田改善了土壤理化性质，减少了化肥农药施用量，有利于发展无公害农产品和绿色食品，促进农业生态的良性循环和可持续发展，达到经济、环境、能源、生态的和谐统一。

3. 生态效益 武进区礼嘉畜禽粪污处理中心建成后，解决了礼嘉、洛阳两镇 38 家养殖场畜禽粪便无害化治理问题，变废为宝，减少了 COD 和 CO_2 气体排放。生猪所产生的粪污水经该项目无害化有效治理，每年可以减少 COD 排放 446 吨，碳减排总量 10 034.1 吨，减少化肥使用 260 吨，减少了因粪污直接排放所造成环境富营养状况。沼渣、沼液作为优质有机肥的施用，有利于发展无公害农产品和绿色食品，促进农业生态的良性循环和可持续发展，达到经济、环境、能源、生态的和谐统一。

浙江省杭州市余杭区

一、基本情况

1. 区域概况 杭州市余杭区位于浙江省杭嘉湖平原南端，西依天目山，南濒钱塘江，是长江三角洲的圆心地，是"中华文明曙光"——良渚文化的发祥地，素称"鱼米之乡，丝绸之府，花果之地，文化之邦"。全区区域总面积1 228千米^2，耕地58.75万亩、林地48.7万亩。现有生猪养殖场9家（均为存栏500头以上），主要分布在余杭、径山、瓶窑、仁和、塘栖等镇街。2018年，全区生猪存栏3.63万头，年出栏7.07万头，猪肉产量6 295吨；家禽总存栏81.72万只，出栏260.38万只；肉类总产量10 858.67吨，产值3.74亿元。

2016年，围绕创建畜牧业绿色发展示范省的目标任务，余杭区出台了《关于加快推进生态都市农业发展的若干意见的通知》（余政发〔2016〕51号）政策意见，以农牧结合、生态消纳、循环利用为切入点，探索出一套"政府推动、企业主导"的农牧结合沼液就近配送资源化利用新模式（由第三方服务组织负责对全区生猪养殖场的沼渣沼液对接全区各种植业基地按需配送消纳，由区财政给予农牧对接的第三方服务组织一定的资金补助），全区9家生猪养殖场常年存栏生猪3.63万头（未含能繁母猪、公猪和25千克以下的仔猪），年均产生13.5万吨生猪沼液（沼渣），全面实现农牧对接和粪污资源化利用。该模式有效实现了畜禽养殖场排泄物农牧对接、循环利用，确保种植基地土壤改良、农产品提质增产、畜禽排泄物变废为宝。经省市考核，2018年全区全年综合利用处理率在99%以上。

2. 依托主体 杭州市余杭区畜禽粪污资源化利用工作主要依托全区4家配送服务组织实现沼液（沼渣）农牧对接生态循环利用。

杭州径天农业开发有限公司是4家服务组织中规模最大的一家以"养殖场—服务组织—种植基地生态消纳"为服务模式的社会化企业。公司从2016年开始累计投入近200万元开展畜禽粪污配送服务，现有沼液配送车辆5辆、员工9名，建设种植基地（园区）沼液贮存池约2 500米^3。该公司2018年配送沼液近10万吨，占全区粪污产生总量的76.8%，覆盖全区水稻、蔬菜、果树、水生作物、花卉苗木等3.57万亩种植业基地。

二、运营机制

1. 运营模式 杭州径天农业开发有限公司与余杭区径山镇、瓶窑镇、余杭街道、仁和街道等6家生猪养殖企业和覆盖全区111个水稻、蔬菜、果树、水生作物、花卉苗木等种植业基地签订沼液（沼渣）对接消纳协议，公司根据不同季节、不同地段、不同作物需求情况，就近就地统筹调配沼液需求，实现农牧结合"猪—沼—作物"区域中循环的生态消纳模式。

2. 盈利模式 根据 2016 年出台的畜禽粪污资源化利用扶持政策，区财政对生猪养殖企业产生的沼液（沼渣）就近消纳环节每吨以 30 元的标准实行补贴，为种植农户统筹调配的沼液不收任何费用。

三、技术模式

1. 模式流程 见图 1。

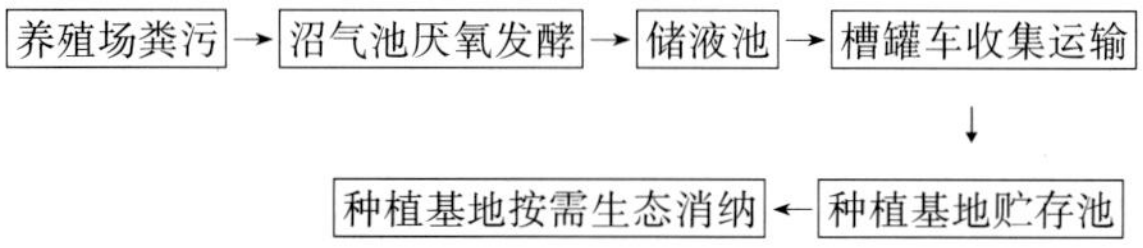

养殖场粪污 → 沼气池厌氧发酵 → 储液池 → 槽罐车收集运输
↓
种植基地按需生态消纳 ← 种植基地贮存池

图 1　模式流程

2. 收运模式 服务组织根据不同面积的种植基地（园区）有机肥需求情况，就近串联生猪养殖场沼液（沼渣）供需对接，并签订消纳协议，社会化服务组织根据需求无偿进行调运配送，养殖企业、种植基地（园区）无需承担费用，区财政以每配送 1 吨沼液（沼渣）给予社会化服务组织 30 元补助。公司根据生猪养殖企业储液池容量，优先对生猪养殖企业满溢风险的储液池进行就近处理，通过专用槽罐车将沼液运输至种植业基地暂存池中，并根据种植业基地需求情况统筹调配（表 1）。

表 1　对接的生猪养殖场粪污产生和处理利用情况

序号	养殖企业名称	存栏规模（头）	年粪污产生量（吨）	养殖场粪污处理模式							
				清粪工艺	发酵方式	污水收集方式	固液处理方式	粪污贮存池体积(米³)	粪污处理设施配套率（%）	粪污收集量（吨）	收集运输方式
1	杭州大观山种猪育种有限公司	16 000	58 400					9 000	100	58 400	
2	浙江灯塔种猪有限公司	8 500	31 025					4 500	100	31 025	
3	杭州余杭区径山镇金爱畜牧养殖场	580	2 117	干清粪	厌氧	封闭式贮存	干湿分离机	600	100	2 117	委托第三方按需配送消纳土地
4	杭州余杭区径山镇华禾养殖场	600	2 190					800	100	2 190	
5	杭州东仓牧业有限公司	800	2 920					600	100	2 920	

（续）

序号	养殖企业名称	存栏规模（头）	年粪污产生量（吨）	养殖场粪污处理模式							
				清粪工艺	发酵方式	污水收集方式	固液处理方式	粪污贮存池体积（米³）	粪污处理设施配套率（%）	粪污收集量（吨）	收集运输方式
6	杭州余杭区余杭街道黄菊芳家庭农场	860	3 139	干清粪	厌氧	封闭式贮存	干湿分离机	600	100	3 139	委托第三方按需配送消纳土地

3. 处理技术　产业主管部门制订相关措施约定第三方服务组织、养殖企业、消纳基地企业的主要职责和承担的义务；养殖企业储液池须有防渗漏措施，建设容积必须充分考虑有 2 个月的沼液预存余地，确保在汛期及消纳地非需要液态肥期间的沼液贮存；第三方服务组织收集配送运作过程中须有与养殖规模相配套的消纳种植基地，同时充分考虑到消纳地土地承载量因素，并签订对接消纳协议，确保不出现污染环境事件（图 2）。

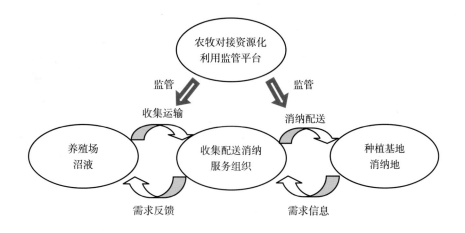

图 2　畜禽养殖场排泄物通过第三方服务组织实行农牧对接、循环利用模式图

种植业基地根据作物生长情况和用肥需求，按需利用沼液肥，形成了"畜—沼—肥"处理技术，实现了区域内种养结合生态大循环。

为了更加有效监管养殖场在生产过程中沼液的去向，了解种植基地（园区）的用肥需求，提升农牧结合资源化利用服务效率，2017 年该区建立"余杭区养殖废弃物农牧对接资源化利用监管平台"，搭建养殖场沼液液位监测、收集配送消纳服务组织车辆 GPS 定位、种植基地（园区）、贮存池数据分析汇总、消纳土地分布等应用模块。全区种植基地（园区）、养殖企业可以根据用肥需求和储存情况，通过收集配送消纳服务组织进行统筹调配，实现定点定量按需配送消纳，确保生态消纳有序高效。

4. 利用模式　与公司签订消纳对接协议的 3.57 万亩种植基地（园区），修建了大小不同约 2 500 米³ 容积的沼液贮存池。种植基地（园区）根据不同作物粪肥需求量确定配送频次，确保作物施用有机肥科学有序（图 3 至图 10）。

（1）"猪—沼—茶"绿色循环体模式　余杭街道黄菊芳家庭农场位于余杭区余杭街道竹

图 3　沼液运输车在养殖场装运沼液　　　　　　图 4　沼液在水稻田施用

图 5　种植基地设置的沼液暂存桶　　　　　　图 6　运输车辆正在种植基地存储沼液

图 7　种植基地沼液暂存池

园村，全年生猪存栏 860 余头。该场是一家种养结合生态养殖的生猪规模养殖场。通过雨污分流和干清粪生产模式将养殖污水纳入 900 米^3 的防渗漏沼液贮存池，沼液通过径天农业开发有限公司对接 210 亩茶园基地，茶园区域建有 8 个 20～40 米^3 容积的液态肥贮存池，根据季节更迭不同的施肥需求施用，以满足茶园的用肥需求。该生产模式减少了茶园化肥的施用量，提高了茶叶产量，提升了茶叶品质，改善了茶园土壤环境，形成了一个通过第三方服务

图8 沼液在苗木基地施用现场

图9 茶园施用沼液管网

图10 沼液通过管网在茶园喷灌施肥

组织串联猪场链接茶园的"猪—沼—茶"绿色循环体，增加了茶园整体经济效益，减少了养殖场周围环境污染隐患。

（2）"猪—沼—蔬菜"绿色循环体模式 杭州志绿农业开发有限公司位于余杭区径山镇，共有种植基地376亩。其中，丝瓜面积186亩、蔬菜（叶菜）120亩、瓜果70亩。丝瓜、叶菜和瓜果基地共配有500余米³的沼液储存池，这些储液池通过管网连接基地进行精准微灌。由于丝瓜与叶菜需肥量大，复种指数高，又是常年需求，每年4—11月都是沼液需求高峰，养殖场沼液通过第三方服务组织将养殖沼液运送至基地，形成了粪污农牧对接综合利用的"猪—沼—蔬菜"绿色循环体。

四、效益分析

1. 经济效益 目前，杭州径天农业开发有限公司每吨粪污处理平均运行成本约28.72

元，按全年配送消纳 10 万吨计，公司运行成本全年约 287.2 万元。根据政策，余杭区财政全年将补贴 300 万元，企业盈利约 12.8 万元。种植业基地经使用沼液施肥每亩可节省化肥施用成本近 120 元，全年节本近 428 万元。

2. 社会、生态效益　通过沼液就近资源化利用，余杭区建立了收储、运输、处理体系，从根本上减少了畜禽养殖污染和种植基地化肥使用量，为解决畜禽养殖引发的环境污染提供了有益的借鉴，大大改善了养殖场周围的生态环境，有效提高了土壤有机质含量及农产品品质，节约了大量能源，促进了养殖、种植、加工及相关行业的发展，对畜禽养殖废弃物资源化利用发挥了良好的示范辐射作用，实现了节本增效和可持续发展。

福建厦门市江平生物基质技术股份有限公司

一、基本情况

1. 区域概况 福清市是国家现代农业产业园试验区，农牧业发达。2018 年畜禽规模养殖场总数为 70 家，其中养猪场 59 家、蛋鸡场 6 家、奶牛场 2 家、肉牛场 1 家、养羊场 2 家。畜禽存栏 33.63 万猪当量*，畜禽粪污总产生量为 75.81 吨，其中固体粪污 11.90 万吨、液体粪污 63.91 吨（70.04% 还田利用），畜禽粪污综合利用率为 78.23%。所有猪场全部采用干清粪，采用异位发酵床处理猪场粪污的养猪场有 26 家，占比达到 44.07%。

2. 依托主体 项目依托主体是厦门市江平生物基质技术股份有限公司，该公司是福建省林业产业化龙头企业、厦门市高新技术企业。多年来致力于生物有机肥、生物基质及微生物菌剂的研究、开发、生产、销售，目前公司已经形成 3 大系列近 80 余种产品，涉及生物有机肥、生物基质及微生物菌剂制造、有机固体废弃物处理、现代农业整体解决方案、土壤改良整体解决方案、环境修复整体解决方案五大板块业务，广泛应用于林业、花卉、农业、环境修复、畜禽养殖、水污染治理、园林绿化、海绵城市建设及家庭园艺等领域。该项目建设地点在福建省福州市福清市渔溪镇红山村潭边自然村 59 号，总投资约 1 000 万元。

3. 处理规模 年处理异位发酵床殖腐熟物料 2 万多米³，年产生物有机肥 1 万多吨、生物基质 10 万米³。其中，覆盖全市 26 家采用异位发酵床处理猪场粪污的养猪场和渔溪镇 3 家大型规模养猪场、3 家养牛场。年处理粪污总量 6.73 万吨。

二、运营机制

1. 运营模式 公司分别与采用异位发酵床处理猪场粪污的 26 家养猪场签订异位发酵床腐熟物料购销合同，形成了"腐熟物料→公司→加工→产品销售"的产加销一体化运营模式。

2. 盈利模式 利用异位发酵床腐熟垫料加工有机肥和生产加工生物基质，年产生物有机肥 1 万吨、生物基质 10 万米³，实现变废为宝，获得净利润 1 000 万元/年，当年收回该项目总投资 1 000 万元。

---

* 猪当量指用于衡量畜禽氮（磷）排泄量的度量单位，1 头猪为 1 个猪当量。1 个猪当量的氮排泄量为 11 千克，磷排泄量为 1.65 千克。按存栏量折算：100 头猪相当于 15 头奶牛、30 头肉牛、250 只羊、2 500 只家禽。

三、技术模式

1. 模式流程　公司统一用专用车辆向养殖场收购腐熟物料集中放置于仓库待加工，畜禽粪便收购后倒入堆肥槽内进行覆膜发酵。

2. 收运模式　公司分别与采用异位发酵床处理猪场粪污的 26 家养猪场签订异位发酵床腐熟物料购销合同（3 年）。合同要求物料已经连续使用不低于 2.5 年时间，腐熟物料的含水率不超过 40%、不含杂质，养猪场业主自行将腐熟物料运达公司等，符合有关指标要求的腐熟物料价格为 80 元/米^3，形成了"腐熟物料→公司→加工→产品销售"的产加销一体化运营模式。

3. 处理技术　收集来的异位发酵床腐熟物料和猪粪经一次发酵后的堆肥产品，在加工有机肥和生物基质前均无需进行处理分离。畜禽粪便采用 GORE 膜生物发酵技术进行好氧发酵，该技术介于开放式堆肥和封闭式堆肥之间，结合了两种系统的优势。工艺流程图见图 1，厂区全景与 GORE 膜发酵生产线见图 2、图 3，有机肥生产车间与混配生产线见图 4、图 5。

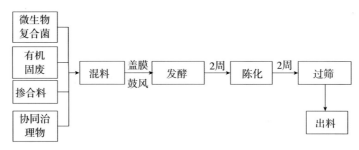

图 1　GORE 膜生物发酵工艺流程

图 2　厂区全景

图 3　GORE 膜发酵生产线

图 4　有机肥生产车间

图 5　混配生产线

经过发酵处理后的物料，是生产有机肥和生物基质的主要物料，有机质、营养元素等成分能够满足产品质量标准，但要生产出商品化的有机肥和生物基质，还需要进行一些微量元素及功能元素添加，科学配比，经混合生产线混配生产出高品质、高质量、功能化的产品。具体生产工艺流程见图6。

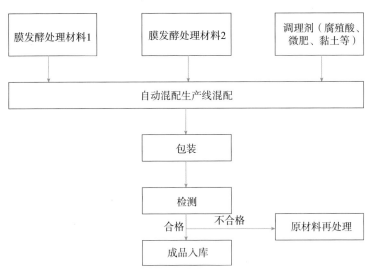

图6　有机肥生产工艺流程

4. 利用模式　该项目生产的产品主要有发酵床腐熟物料、生物有机肥及生物基质。

四、效益分析

1. 经济效益　项目实现产值约3 000万元/年，净利润1 000万元/年；此外，保护了土壤环境，减少了土壤污染防治成本。

2. 社会效益

（1）促进农业发展　提高了土壤有机质含量，改良了土壤团粒结构，提高了土壤保墒保肥能力，提高了作物产量，促进改进农业生产方式转变和农业高质量绿色发展。

（2）促进就业　能充分利用当地剩余的丰富劳动力资源，吸收项目所在地村民加入进行第二产业，发展第三产业。

（3）调整优化农业结构　让农业种植从主粮逐渐向经济作物转变，实现"地里出金"和农业多元化发展。

3. 生态效益　一是有机肥替代化肥，实现化肥零增长，改善土壤生态；二是粪污得到资源化利用，减少环境污染负荷，有效防止空气、土壤、水体等环境的二次污染；三是改善周边村庄与地区居民的生活环境。该项目年处理畜禽粪污约2万米^3，取得了良好的生态环境效益。

山东益生生物肥料科技有限公司

一、基本情况

1. 区域概况 牟平区畜牧业以饲养白羽肉鸡为主，是烟台市最大的肉鸡饲养基地。辖区内有山东仙坛股份有限公司、山东荣华食品集团有限公司和山东益生种畜禽股份有限公司3家大型家禽养殖、食品加工龙头企业，主要饲养种鸡、商品鸡，以"龙头企业＋农户"的模式形成合同化组织，年种鸡与商品鸡饲养量约为1.4亿只。

牟平区总面积1 511千米²，总人口45.7万人，辖12个镇街和1个省级经济开发区、1个省级旅游度假区、555个行政村（居委员）。近年来，牟平区确立了"先进制造业和休闲度假旅游业双轮驱动"的发展思路，形成了机械、食品、电子、黄金和旅游等主导产业，拥有6家上市公司。当前，牟平区正在布局建设"知识港湾、国家海岸、环保特区、生态绿谷"四大功能板块，着力打造烟台东部新城。牟平区是全国首批国家可持续发展先进示范区和山东省深化经济体制改革试点县市区，先后获得"全国科技进步先进区""全国文化先进区""中国苹果无公害十强区""中国食品工业百强县（区）""全省平安建设先进区"等称号。2018年，完成生产总值344.06亿元，一般公共预算收入25.15亿元。

2. 依托主体 山东益生种畜禽股份有限公司（以下简称"益生股份"）是山东益生生物肥料科技有限公司（以下简称"益生肥料"）的母公司。益生股份始建于1989年，总部位于山东省烟台市，至今已成立30周年。经过30年拼搏奋斗，益生股份目前是国家农业产业化重点龙头企业，拥有职工4 000多人，益生股份主要从事世界顶级畜禽良种的引进、饲养及繁育，主打产品为父母代肉种雏鸡及商品代肉雏鸡，业务覆盖曾祖代肉种鸡、祖代肉种鸡、祖代蛋种鸡、父母代肉种鸡、原种猪、祖代种猪、饲料、畜禽疾病研究、生态奶牛养殖、乳品加工、生态蔬菜、畜禽粪污处理等领域。2010年8月10日，益生股份成功登陆深圳证券交易所中小板（股票代码：002458），成为我国唯一一家以畜禽良种为核心竞争力的上市公司。

益生股份现拥有53个直属场（厂）区，其中，曾祖代肉种鸡场2处、祖代肉种鸡场18处、祖代蛋种鸡场7处、全进全出父母代肉种鸡场17处、原种猪场1处、孵化场4处、饲料厂3处；拥有11家子公司和2家合资公司。益生股份是我国饲养祖代种鸡数量最多、品种最全的企业，进口祖代肉种鸡、祖代蛋种鸡市场占有率已连续11年全国排名第一。益生股份目前祖代肉种鸡存养规模达到40万套，父母代肉鸡存养规模达到300万套。父母代肉种鸡年产量可达1 600万套，商品代肉雏鸡年产量可达3.3亿只。2018年，益生股份实现营业收入14.73亿元，净利润3.63亿元，在中国白羽肉鸡行业占据领军地位。

益生股份高度重视环境保护和节能减排，自2008年起，已在旗下30多个饲养场区建立粪污及病死鸡无害化处理加工配套设施，累计投入4 300多万元。近十年来，通过不断研究、试验和应用，益生股份已经探索出成熟、科学、有效的养殖粪污及病死鸡无害化处理技术模式，填补国内空白，并进一步将该模式推广到栖霞、莱州、福山、开发区、牟平、蓬莱等6个县（市、区）。益生股份自主承担的"肉鸡粪污及病死鸡生物发酵生产有机肥技术研究与推广"项目于2014年通过山东省农业农村厅成果鉴定，获得山东省农业丰收二等奖，并在全省推广，发挥了很好的示范带动作用。

山东益生生物肥料科技有限公司是山东益生种畜禽股份有限公司的全资子公司，成立于2016年5月24日，注册资本5 000万元人民币，主营业务有畜禽粪污处理、动物及动物产品无害化处理及生物科学技术研究服务，目前承担畜禽养殖废弃物处理与综合利用二级网络建设项目，投资约7 548.4万元，在烟台市牟平区水道镇生木墅村东建设畜禽养殖废弃物处理中心1处，该处理中心于2018年6月动工，2019年7月初建成并投入运营。

3. 处理规模

（1）处理能力 该处理中心全负荷运行时，每年可处理12万吨鲜固体粪污，日均处理约330吨，可占到牟平区畜禽粪便总量的21%左右。处理过的畜禽粪便，每年可转化生产出6万吨生物有机肥及其他畜禽养殖废弃物无害化处理产品。

（2）覆盖范围 处理中心的业务运营主要覆盖牟平区，从牟平区收集鸡粪及其他畜禽粪便等原料。一方面，益生肥料与各养殖企业签订收购合同，从这些企业的场区收集鸡粪；另一方面，益生肥料按照就近收集的原则，划定水道镇、莒格庄镇、玉林店镇、高陵镇为收集区域，处理中心从该区域内800多家养殖户收集鸡粪，通过合同约定保证金等措施，对企业和农户实施有效约束。

二、运营机制

1. 运营模式 益生肥料共投资7 548.4万元。其中，建设投资7 290.33万元（包含建筑工程费用3 608.46万元）、设备购置及安装费用1 981.51万元、其他费用1 481.66万元及预备费用218.7万元，其余为铺底流动资金258.07万元。投资该项目的资金，有1 000万元来自于山东省政府的专项扶持资金，其余6 548.4万元由益生肥料自筹。

益生肥料是具有法人资格的独立经济实体，企业自主经营，财务独立核算。公司下设综合部、生产部等7个部门，总经理负责全面管理，副总经理负责生产、研发和质量控制，营销经理负责市场宣传和产品销售。益生肥料每年依据公司全年工作意见开展生产、销售、管理等各项业务活动。工作意见由总经理牵头，管理团队全员参与，经母公司益生股份指导和监督，于上一年度年底编写，并在公司内部审议通过，新一年度执行。工作意见是公司全年运营的总指引，根据企业内部和外部实际情况，结合市场变化等多种因素，提出新一年战略方针，确立企业组织架构、人员任命和薪酬方案，制订重要经营指标和考核标准，制订和完善生产、销售、研发、财务、管理等环节的制度规范，并对各部门工作给出原则性要求，各部门根据要求制订全年运营方案，实现企业有序运转。同时，在企业运营中，通过设立适宜的信息传递和协调机制，及时将市场信息传回管理层，总经理及管理团队根据实际情况对各项工作适度调整，及时应对市场变化，保证企业运营的效率和效益。

益生肥料现有员工72人。定员定岗见表1。

表1 益生肥料定员定岗情况

类别	岗位	生产班次	每班人员	岗位定员
生产人员	1号厂房	1	4	4
	2号厂房	1	4	4
	成品库	1	7	7
	中央控制室	1	2	2
	化验室	1	2	2
辅助生产人员	仪表及电工修理	1	2	2
	维修工	1	2	2
	车队	1	3	3
生产管理人员				3
技术人员				3
销售人员				20
其他人员				20
合计				72

2. 盈利模式 处理中心的营业收入及盈利主要来自于无害化处理产品的生产和销售。处理中心一方面通过先进的加工工艺，生产肥效更优、性价比更高的产品，为客户带来更多收益；另一方面根据客户企业及农户的需求，针对作物种植和果蔬种植等细分领域，开发和生产品类更细、针对性和差异性更强的肥料等产品，以此体现竞争优势，获得更多利润增长点。处理中心还会根据其他科研院所和企业的要求，提供符合标准的无害化处理产品，为这些机构和企业开展环保技术研究及设备开发提供原料和耗材，同时与科研机构加深合作，提升自身产品研发能力。

项目运营的成本主要来自外购原材料、燃料动力费，人员薪酬及社保福利，设备维护和修理，固定资产折旧及资产摊销，以及其他生产、财务、管理等费用。经专业财务机构测算，该项目正常年可实现营业收入4 800.0万元，利润总额536.8万元，利税总额720.2万元，总投资收益率7.11%，资本净利润率5.33%，静态投资回收期12.7年（税后，含建设期），财务内部收益率4.24%，财务净现值133.6万元；盈亏平衡点64.21%，即年实现销售收入3 081.9万元时，企业就可保本。

三、技术模式

1. 模式流程 见图1。处理流程包括以下环节。

（1）原料预处理 将鸡粪、秸秆及其他辅料分别加入储料配料器，配料器自动根据原料配方按比例混合，小型计量泵加入优质生物菌液，加速发酵过程。这一步目的是调整物料水分、碳氮比和孔隙度等，同时加速发酵。

（2）一次发酵 预处理后的物料经过自动布料系统进入太阳能好氧发酵室发酵槽内堆肥，通过强制性机械翻抛和自动通风充氧曝气（冬季太阳能穿孔集热热风），完成大型槽式微生物繁殖升温和有机质分解过程。一个周期好氧堆肥后，物料含水率大幅度降低

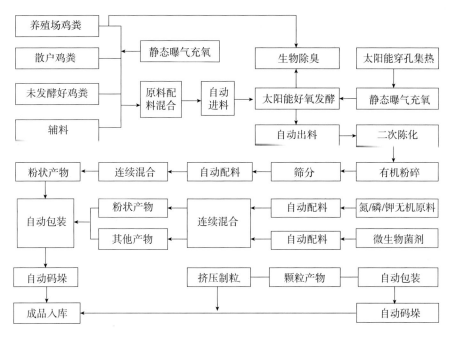

图 1　模式流程

（一般低于 40%），并转入陈化车间。这一步目的是减少废弃物中挥发性物质，消除臭气，杀灭寄生虫卵和病原微生物，同时使有机物料变得疏松、分散，矿化释放氮、磷、钾等养分，使之便于储存和使用。

（3）陈化　堆肥后期大部分有机物已被降解，有机物减少，代谢产物累积，微生物的生长及有机物的分解速度减缓，发酵温度开始降低，此时物料移至陈化车间二次发酵。陈化车间采用槽式堆放工艺，陈化周期为 15～25 天。堆肥后期温度下降并稳定在 40℃时，堆肥腐熟，形成腐殖质。这一步目的是将有机物中剩余小分子有机物进一步分解、稳定、干燥，为生产后续产品提供合格的原料储备。

（4）制粒　水分合适的堆肥物料被送至生产线粉碎和筛分，进入配料环节，大颗粒物回添发酵槽或再次粉碎。经过粉碎筛分的有机物料同氮磷钾、微生物菌剂配比混合，可直接包装码垛，加工成粉状产物，也可进入下一环节造粒，制成颗粒状产物，送入成品库房待售。这一步目的是根据用途和市场需要对物料深加工，提高产物的效力和商品性。

（5）尾气除臭　好氧堆肥发酵会产生氨、硫化氢、甲基硫醇、胺类等臭气，必须经除臭处理后才能排放。除臭主要采用生物滤池吸附法。该方法使用生物活性固体介质床来吸收/吸附气流中的化合物，并保留这些化合物，用于后续生物氧化。生物滤池选用结构稳定性和透气性能良好的木屑、树皮及树叶为填料，并喷洒除臭菌剂。堆肥过程产生的脂肪酸、胺类、芳香族、无机硫、有机硫、萜烯等臭味物质，随气流通过生物滤池，被介质吸附并被微生物降解。过滤介质每隔二年清理一次，清理后可直接用作发酵原料，没有二次污染。

2. 收运模式

（1）收集方式　处理中心生产所需的原料为鸡粪及其他畜禽粪便，主要来自烟台市牟平区企业及农户开设的畜禽养殖场。仙坛股份、荣华食品等大型企业旗下生产的粪便，由益生肥料与这些企业签订收集运输合同，自备车辆按规定要求运输。合同养殖户生产的粪便，由益生肥料公司按市场情况招标第三方企业参与收集。原料收购价格在合同签订时确定，根据水分含量等指标划定原料品级，区分收购单价，鼓励企业和农户加强管理，提供优质原料。表2为2019年7月起执行的一套收购标准。

表 2 鸡粪收集标准

品级	水分含量（%）	收购价格（元/米³）
1 级	水分含量≤50	60
2 级	50＜水分含量≤60	50
3 级	60＜水分含量≤70	40
4 级	70＜水分含量≤80	30

注：有机械杂质或者其他杂质根据情况降1～2级。

（2）运输方式 处理中心满负荷运转时，年可处理鸡粪为12万吨，处理量占牟平区的21.4%。日均处理330吨，其中有175吨是饲养商品鸡产生的鲜鸡粪，含水率75%，臭味较重，使用密封式专用车运输；另有55吨是平养种鸡场产生的干鸡粪，含水率40%，臭味较轻，选用高箱板密封大货车运送；其余100吨，来自益生股份旗下养殖场，含水率30%，已在养殖场内初步发酵，基本无臭味，采用高栏大货车运送。同时在处理过程中需要加入养鸡垫料使用的稻壳和花生壳粉，调节碳氮比和水分。所有粪便原料在运输时，都按片区合理规划路线，车辆严格按照路线运送，在运送过程中确保无鸡粪洒落，无明显气味外漏，不会对沿途环境造成污染（图2和图3）。

图 2 粪便运输　　　　　　　　　　　　　图 3 粪便贮存

（3）暂存形式 鸡粪等畜禽粪便原料运输到处理中心后，暂存于预混车间独立存储库。该存储库采用密封负压技术，防止硫化氢、氨气等气味外溢。全部鸡粪等原料当日存入，仅做短暂放置，当日就投入生产线，在24小时内完成处理。

3. 处理技术 处理中心收集畜禽粪便后，使用生物工程技术和工艺对其开展高效无害化处理。无害化处理的主要原理是利用微生物生长、繁殖、代谢功能，加快粪污中有机质分解的生物化学和物理变化过程；利用作物秸秆、粪污等原料通过槽式发酵的模式给微生物创造一个适宜生长、繁殖的条件，利用其代谢过程中可以分解、利用有机物，同时产生大量热量的功能，迅速将鸡粪中的有机质由不稳定形态转化为稳定形态，炭化作物秸秆的纤维素，杀灭原料中所有细菌、病毒、寄生虫，加快水分蒸发，经过发酵腐熟加工，最终生成相关行业或企业所需的产品或原料。处理技术有以下优点：

①使用配套原料配比混合调质技术及设备，将鸡粪和辅料称重配料后混合，主辅料混配均匀，相互渗透性好。

②应用自动进出料系统，物料传输可全部实现机械化、自动化和标准化，降低劳动强度，生产更加稳定。

③采用专业太阳能发酵室，防腐性能出色，配备优质阳光板，透光性和保暖性良好，配置先进的太阳能穿孔集热技术，环境温度降低时，对曝气系统供应热风，室内环境可控，可周年生产。发酵室集太阳能、生物能、机械能、热能四位优势于一体，发酵时有益微生物繁殖活跃，堆肥区升温快、腐熟快、降水快，杀灭有害病原快。

④采用自动化动态机械翻搅和静态曝气双重充氧功能，堆肥过程精准可控。翻抛机等设备遥控操作，人机分离，劳动环境明显改善。

⑤真正实现环保型堆肥，整个发酵堆肥过程曝气风量可控，可最大限度减少厌氧臭气。采用尾气生物过滤技术，将尾气过滤处理，达标排放，实现无噪音、无三废(废水、废气、废渣)。

⑥整套工艺由原料预处理系统、自动进出料系统、太阳能好氧发酵系统、通风系统、生物滤池除臭系统等几部分构成，布局合理、功能明确。系统采用模块化组合设计，布局流畅，作业连续自动化，操作智能化。

⑦采用新一代挤压制粒成型核心技术，效率高，成本低。平模挤压制粒法可有效克服以往圆盘制粒法和滚筒制粒法的缺陷，有颗粒成型率高，成品外观均匀、不易破碎且吨料电耗低，每吨成品运行成本可降低20％左右。

⑧处理后产物无害化程度高，寄生虫卵和病原去除率达100％，完全腐熟，并能为相关产业提供原料，满足市场多样化需要（图4）。

混合

翻抛发酵

发酵陈化

加菌喷淋，处理臭味

气体达标排放

图 4 处理设施

4. 利用模式 处理中心对鸡粪等畜禽粪便采取肥料化利用模式，将畜禽粪便及其他养殖废弃物加工成生物有机肥及其他产品。目前，处理中心的主打产品为生物发酵鸡粪和有机肥料。有机肥料产品包含多个氮磷钾和有机质等级，适宜不同作物和果蔬种植需要。

四、效益分析

1. 经济效益 处理中心达产后，每年可处理畜禽粪便 12 万吨，生产生物有机肥及其他无害化产品 6 万吨，以此计算，每年可实现营业收入 2 400 万元，实现利润总额 268.3 万元、利税总额 360.1 万元，经济效益可观。另外，发展畜禽粪便无害化处理业务，能够为烟台市的果蔬种植产业提供肥效更高的肥料产品，提高果蔬收成，增加果蔬种植户收入。

2. 生态效益 益生肥料通过与大型企业和养殖户签订合同，将畜禽养殖产生的粪便和废弃物集中运送至处理中心，依靠先进的生产工艺对粪污和废弃物开展无害化处理。与以往养殖场自己安装设备、寻找场地，自行设定工艺方法，各自为战的零散处理模式相比，集中处理有多项优势。第一，集中处理可以大量节省土地，与传统零散式处理方法相比，处理同等重量的畜禽粪便，只需原需土地面积的30％左右。第二，将畜禽粪污从产生地转运至某一特定地点集中处理，能够将污染风险从产生地消除，同时处理中心具备成熟的技术和完善的管理体系，粪污集中后污染风险可控。这使得养殖场能够减少粪污引发的传染病、水体污染、土壤污染等隐患，保证生物和当地环境安全。第三，畜禽粪污经过无害化处理，转化成生物有机肥及其他产品，再用于作物种植，既能提高作物的产量和抗逆性，又能改善土壤质地，培养肥力，为可持续农业生产发挥良性作用。

3. 社会效益 益生股份投资设立益生肥料，并建设畜禽粪污及病死畜禽无害化处理中心，正是对国家环保要求和群众利益关切的响应。处理中心建成并达产后，每年可以处理牟平区及烟台其他区县的畜禽粪便12万吨，通过先进的无害化和资源化解决方案，实现畜禽粪便资源化、无害化、减量化，变废为宝，为当地果树种植产业和农户带来实实在在的收益。处理中心达产后，可直接提供70多个就业岗位，为当地剩余劳动力提供了就业机会，同时，其他诸如处理设备制造、菌种培育等细分产业也能得到推动，对农村经济协调、健康、有序、快速发展发挥了积极作用。

安徽省宿州市埇桥区广润养殖专业合作社

一、基本情况

1. 区域概况 宿州市埇桥区位于淮北平原，是宿州市的政治、经济、文化中心。地势西北高、东南低，除少数地区为低山丘陵外，其余是平原，海拔高度一般在 23～26 米，低山残丘地区一般标高 150～300 米。主要河流有新汴河、奎河、濉河、沱河、浍河等，水系支流繁多，自西北流向东南内入淮河或直入洪泽湖，地下水资源丰富，城市和农村居民均以饮用地下水为主。

埇桥区蒿沟乡种植土地面积 36 000 亩，主要种植小麦、玉米、大豆、蔬菜等作物；养殖品种以生猪、家禽为主，存栏生猪 3.2 万头、肉鸡 15 万只、蛋鸡 10 万只。蒿沟乡养殖场在畜禽粪污资源化利用项目的推动下，在规模养殖场建立了粪污处理设施，多数养殖场建立了配套利用土地，自行消纳本场粪污；没有消纳土地的养殖场粪污统一由第三方处理中心进行处理利用。

规模养猪场采用干清粪模式（图1），对于固体粪污，基本实现粪污经饮水与污水分离后，尿液和少量污水通过全量密封收集，经过 100 天以上的深度厌氧发酵腐熟，粪便通过干清粪进入储粪场，经好氧发酵后作为肥料利用。配套有相应消纳土地的养殖户，将发酵形成的有机粪肥，通过深沟施肥、灌溉混合、叶面喷撒等方式，实现肥水的全面消纳；无消纳土地的养殖户统一由第三方处理中心加工为有机肥。

图 1　养猪场漏缝地板饲养设施

规模蛋鸡场鸡粪日产日清（图2），全程不落地，使用微生物菌种发酵技术，经过好氧发酵后就近还田或委托第三方处理中心加工商品有机肥。规模肉鸡场，铺设垫料，排泄物通过垫料层（垫料＋低温发酵微生物菌种）低温好氧发酵，逐步蒸发水分，初步实现垫料层的缓慢腐熟，实现无害化要求，确保产生的排泄物全部通过垫料层进行处理，实现无污水排放和零污染。

图2　养鸡场笼养设施

无粪污自我消纳能力或消纳能力较弱的养殖场由宿州市埇桥区广润养殖专业合作社代为处理。

2. 依托主体　宿州市埇桥区广润养殖专业合作社成立于2015年12月，位于宿州市蒿沟乡大史村，占地面积约5亩，修建兔舍4 000米²，设计养殖规模存栏母畜3 000只、年出栏16 000只。

广润养殖专业合作社总投资共计19万元建设粪污收集处理中心，用于暂存池建设及吸粪车租赁等。收集周边畜禽养殖产生的粪污，经过简易处理后再输送给种植户利用。

3. 处理规模　目前覆盖区域养殖量为蛋鸡、肉鸡30 000只，生猪6 500头。涉及养殖户20家；与种植大户签订3 500亩、与蔬菜种植户签订1 000亩的粪污消纳协议。

二、运营机制

1. 运营模式　该合作社与蒿沟乡人民政府签订吸粪车租赁协议，借助吸粪车、暂存池设施设备负责为蒿沟乡的畜禽养殖户提供有偿粪污暂存服务。按照生猪每头每年10元，肉鸡、蛋鸡每只每年1元的标准收费，费用用于广润合作社畜禽粪污收集运输人员劳务费及其他维护费用。

该收集处理机制已推广至埇桥区全区。全区无自行处理粪污能力的养殖场，主要是散养户及部分专业户，通过将畜禽粪污转运至各乡镇的畜禽粪污暂存池，由暂存池管理运营者通过自行流转土地、与种植户签订粪污消纳协议、无害化处理、制作有机肥等方式实现粪污还田的目的，实现种养结合。

2. 盈利模式　合作社预期每年实现销售收入20万元。其中，可为养殖场提供粪污收集服务合计 5 000 吨，可实现收入 15 万元；为种植大户提供液体肥 5 000 吨，可实现销售收入 5 万元。吸粪车租赁费用 1.5 万元；工作人员工资及燃油费 10 万元；暂存池维护费用 1 万元；年利润可达 6.5 万元，投资回收期 3 年。

三、技术模式

1. 模式流程（图 3）　利用吸粪车对养殖场产生的污水集中收集，运送至暂存池（三级沉淀池）进行厌氧发酵，厌氧发酵完成后，用吸粪车运送至种植业基地进行全量还田利用。

图 3　畜禽尿污收集处理模式

2. 收运模式　建立粪污暂存池，利用专用粪污运输车输送。

（1）畜禽粪污暂存池（图 4）　宿州市埇桥区广润养殖专业合作社畜禽粪污暂存池（五级沉淀池）总容积 340 米³，池深 3 米，半地下式结构。池顶使用楼板、水泥封顶。池底及池壁使用钢筋混凝土浇铸或砖混结构（内墙抹灰），防渗防漏；池壁厚度大于 24 厘米。第一级及最后一级沉淀池分别在池顶设置进污口和出污口；开口边长不小于 50 厘米；进、出污口均高出池顶表面 10 厘米以上，设盖上锁。每级沉淀池（除第一级池及最后一级池外）顶部各留一个清理口，开口边长不小于 50 厘米；清理口高于池顶表面 10 厘米以上，设盖上锁。每级暂存池池顶均设置排气管，排气管高于池顶 100 厘米以上，使用直径 100 毫米 PVC 管加弯头。排气口与进污口、排污口、清理口处于对角位置。池内隔墙溢污管采用 PVC 管加弯头，PVC 管位于上一级池内，上出口预置于隔墙内，距池顶 30 厘米，下进口距池底高度为上出口到池底距离的一半。

图 4　畜禽粪污暂存池

（2）吸粪车　租赁一辆容积为 10 米³ 的吸粪车（图 5）配套使用。

3. 处理技术　在畜禽粪污暂存池内，利用厌氧发酵、中层过粪和寄生虫卵比重大于一般混合液比重而易于沉淀的原理，粪便在池内经过发酵分解，中层粪液依次由一级池流至 5 级池，以达到沉淀或杀灭粪便中寄生虫卵和肠道致病菌的目的，第五级池粪液为优质肥。

图5　吸粪车

4. 利用模式　宿州市埇桥区共建设了 31 处畜禽粪污暂存池，每处不小于 300 米^3，总容积达 1.46 万米^3，分布在全区 25 个乡镇，分别由 28 个经营主体负责运营，采取政府引导、企业主导、市场化运作的模式，在污水收集环节向养殖户收取费用，在利用环节向种植业主收取费用，实现养殖污水收集、暂存处理、种植业利用良性循环（图6、图7）。

图6　吸粪车提供畜禽粪污收集服务

四、效益分析

1. 经济效益　该收集中心总投资共计 19 万元，用于暂存池建设及吸粪车租赁等。其中，吸粪车租赁费用 1.5 万元，工作人员工资及燃油费 10 万元/年，暂存池维护费用 1 万元/年。

图 7 粪肥还田

收集中心预期每年实现销售收入 20 万元，其中可为养殖场提供粪污收集服务 5 000 吨，实现收入 15 万元；为种植大户提供液体肥 5 000 吨，实现销售收入 5 万元；年净利润可达 6.5 万元，投资回收期 3 年。

2. 生态效益 该收集中心的粪污收集量可为蒿沟乡 5 000 余亩土地提供液体农家肥，有效地转变目前蒿沟乡普遍存在的过度使用化肥致使土壤板结硬化的状况。该集中处理模式能够推动全区有机农业的发展，改变畜禽生产是污染源的片面认识，为减少化肥使用量、提高农产品质量提供有机肥源；种养一体化的实施，可以有效地带动和促进当地畜禽业、种植业的发展，形成良好循环。

华中地区

湖北农谷地奥生物科技有限公司

一、基本情况

1. 区域概况　项目位于湖北省京山市南部的钱场镇。钱场镇坐落在省级汉宜、京天公路的交汇处，地处大洪山与江汉平原的过渡地带，区位优势独特，自然资源丰富，是京山南片大宗农副产品的集散地、大洪山进出江汉平原的重要门户、湖北省笼养蛋鸡第一镇。

钱场镇以饲养生猪、蛋鸡等畜禽为主，生猪及蛋鸡养殖主要以分散的农户为主，但存在着区域性的集中养殖。目前，钱场镇现有规模化生猪养殖农户约 200 户，存栏生猪约 12 万头。生猪养殖主要集中在钱场镇十几个村庄，例如，深沟村存栏生猪约 8 000 头，洪庙村存栏约 20 000 头，白马村存栏约 5 000 头。钱场镇有规模化蛋鸡养殖农户约 450 户，存栏蛋鸡约 600 万只。养殖数量大于 20 万只的村庄，主要集中在白马村，约 50 万只；镇茶场，约 70 万只；畜牧场，约 30 万只；祠堂村，约 30 万只；金泉镇村，约 20 万只；荆条村，约 40 万只；深沟村，约 25 万只；舒岭村，约 100 万只；吴岭村，约 20 万只；幸福村，约 35 万只；徐冲小区，约 20 万只；严李村，约 30 万只；合计约 440 万只。

2. 依托主体　项目依托主体是湖北农谷地奥生物科技有限公司（图 1）。该公司成立于 2016 年，是湖北省农业产业化重点龙头企业、湖北省肥料应用协会副会长单位、国家级现

图 1　厂区图

代农业示范区和农业产业化示范区重点企业。公司拥有成熟的畜禽粪污和秸秆无害化处理、能源化利用技术，并具有生物有机肥、复合微生物肥料、农用微生物菌剂、有机-无机复混肥、叶面肥、水溶肥、鱼肥、虾肥、稻渔肥等系列有机肥产品研发生产专利技术和资质。2017年公司投资2亿元在京山市钱场镇建成了年产1 000万米^{3}生物燃气、10万吨有机肥料的畜禽粪污和农作物秸秆资源化利用大型工程，重点打造畜禽粪污及农村废弃物综合利用"京山模式"。

3. **处理规模** 本项目建成后，年处理鸡粪粪污22万吨。一部分鸡粪采用厌氧消化处理生产沼气，设计年产沼气1 000万米^3，沼气用于发电，年发电量为2 000万千瓦·时，发电并入国家电网销售；热电联产年产热量72.57万兆焦，作为沼气发酵罐及有机肥厂的加热源。一部分鸡粪和沼渣好氧发酵生产有机肥，设计年产有机肥10万吨。

项目原料覆盖周边半径10千米内的鹏昌、德丰、茶场等数十家规模大型蛋鸡养殖场，以及严李村的大量小规模养殖散户，距离项目地10~20千米。

二、运营机制

1. **运营模式** 该项目由湖北农谷地奥科技有限公司组建生产管理部门负责项目日常的生产工作，有机肥销售部门负责产品有机肥的销售。

原料由公司与周边养殖户签订协议，6年内免费提供鸡粪给公司，公司组织社会车辆将鸡粪运输至场内。

项目生产的沼气经沼气发电机发电后送至电网。项目生产的有机肥产品由公司销售部门对接农资经销商或大的农业合作社。

2. **盈利模式** 项目发电并网实现收入1 508万元，企业有机肥销售收入7 542万元，正常年可实现净利润1 693万元。

三、技术模式

1. **模式流程** 见图2。
2. **收运模式** 见表1、图3至图5。
3. **处理技术** 鸡粪沼气发酵采用CSTR中温厌氧消化工艺。

鸡粪物料由车直接卸入投料池，在投料池加水或沼液混合，混合后的物料经潜污泵提升至水解沉砂池。物料在水解沉砂池内完成配比、增温、水解、均质、除砂等，物料再经破碎后由螺杆泵泵入厌氧反应器。在厌氧消化单元，物料水力停留时间（HRT）28天。中温发酵罐共6座，总有效容积为30 000米^3，设计容积产气率1.5米^3／（米^3·天）。厌氧消化单元配置搅拌系统、热交换系统和正负压保护系统。从厌氧消化单元出来的沼气经过脱硫脱水除尘后，进入沼气发电系统。

4. **利用模式** 该项目生产的产品主要有沼气和有机肥，沼气经沼气发电机发电上网，发电机部分烟气经烟气管道进入有机肥造粒系统作为造粒烘干的热源，部分经余热锅炉回收后作为沼气生产增温的热源，产生的沼渣与部分干鸡粪一起进入有机肥生产系统。

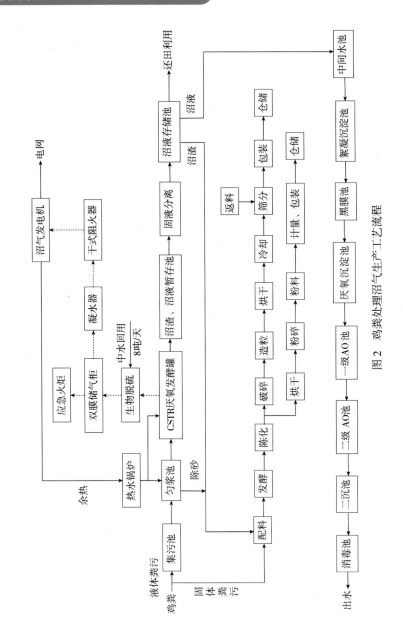

图 2 鸡粪处理沼气生产工艺流程

表 1 粪污收集运输体系

项目	养殖主体				
	大型规模化养殖场	中小型规模化养殖场	养殖专业户		散养户
			有改造条件	无改造条件	
粪污处理设施配套率	100%	95%	80%	80%	
需要改造和新建的工程	无	水冲清粪改造为干清粪或实施粪污干湿分离，配套建设沼气工程和污水处理工程	雨污分流、粪污干湿分离或干清粪改造，配套建设沼气工程和污水处理工程	新建或扩建粪污储存池	建设畜禽粪污村级处理站；新建或扩建粪污储存池

（续）

项 目	养殖主体				
	大型规模化养殖场	中小型规模化养殖场	养殖专业户		散养户
			有改造条件	无改造条件	
工程建设方式	养殖主体投资建设	养殖主体出资为主、政府建设补助为辅，农谷实业集团统一设计施工	养殖主体出资为主、政府建设补助为辅，农谷实业集团统一设计施工	养殖主体出资建设	村级处理站由地方政府或农谷实业集团投资建设；储存池由散养户出资建设，地方财政资助
粪污类别	干清粪尿混合物、干粪、沼渣	干清粪、干粪、沼渣	干清粪、干粪、沼渣	畜禽粪污	畜禽粪污
收集运输方式	每1~3天1次，上门收集	每周1~2次，上门收集	每月1~3次，上门收集	每周1~2次，养殖专业户自行运送至指定场所	每周1次，散养户自行或委托第三方专业运输机构运送至指定场所
收运主体及补贴对象	粪污收运服务机构	粪污收运服务机构	粪污收运服务机构	养殖专业户	散养户
粪污处理费	对粪污收集运输体系的建设环节给予适当的补贴，通过行政手段建立起受益者付费机制			养殖专业户支付费用	散养户支付费用，地方政府部门对村级处理站给予运营补贴

图3　粪污收集系统改造

图4　密闭式垃圾车用于干粪运输　　　图5　密闭式吸粪车用于稀粪运输

四、效益分析

1. 经济效益 根据确定的产品方案和建设规模及预测的产品价格，达产期内年均销售收入 9 050 万元。项目财务内部收益率为 18.02%，静态投资回收期 6.03 年。

2. 社会效益 项目将区域内养殖废弃物进行资源化生态利用，并成为该区域畜禽粪污及有机废弃物集中处理的示范带动工程，有利于处理区域畜禽粪污及其他有机废弃物，减轻环境污染；同时有利于发展循环经济，有利于补充当地的电力供应，改变能源结构，节煤减排，清洁空气；也有利于建设资源节约型、环境友好型社会，对促进区域循环经济的可持续发展具有积极作用。

3. 生态效益 项目地点附近的畜禽粪便废弃物经过中温厌氧发酵处理，产生优质可再生能源沼气。鸡粪经过厌氧消化生产沼气，可有效地降低有机废弃物自然堆放过程中甲烷的排放以及化石能源的使用，有利于减排温室气体，项目每年可减少 CO_2 排放约 6 600 吨。同时还减少有机物向水环境的排放，有利于改善周边水环境。产生的沼渣沼液作为有机肥，可减少化肥、农药用量，改善土壤质量，生产无公害食品，促进生态农业良性循环。

华南地区

广西德林社生物有机肥有限公司

一、基本情况

1. 区域概况　广西畜禽养殖污染防治具有以下特点：一是种养分离。大部分种植户不从事养殖，养殖户所在场址周边农田林地又不是自己的，农牧结合不紧，同时二者之间缺乏良好的利益联结机制，造成粪污资源化利用链条断节，即使是经处理后的沼液也难以得到利用。二是规模以下养殖场（户）处理利用困难。广西的规模以下养殖场（户）数量占全区的90%，点多面广，自身粪污处理利用设施装备不配套，缺乏有效处理和利用。

2. 依托主体　广西德林社生物科技有限公司集团下属企业广西德林社生物有机肥有限公司（兴业县），2018年4月成立，经营范围包括有机肥生产、批发和零售，公司年生产、销售有机肥5万吨以上，年利润600万元左右；广西容县德林社生物有机肥有限公司（容县），年生产销售有机肥3万吨以上，年利润400万元左右；广西德林社生物科技有限公司合浦分公司（合浦县）年生产销售有机肥4万吨以上，年利润800万元左右；广西德林社生物科技有限公司北流有机肥生产基地年生产有机肥5万吨以上，年利润1000万元左右。

二、运营机制

1. 运营模式

（1）政府支持　兴业县县政府引进第三方公司——广西德林社生物有机肥有限公司作为项目指导方，政府在工程项目的用电、配套土地等提供农业用电标准，养殖场（户）作为畜禽粪污资源化利用责任主体和付费方，在利用秸秆与畜禽粪污集中处理过程中，充分发挥村集体经济的杠杆作用，确保畜禽粪污全量收集并资源化利用得到持续性发展。

（2）建立受益者付费制度

①粪污固体含量在10%（含10%）以下，由养殖户支付第三方每吨10元运输费。固体含量在5%以下的，如水冲粪沼液等，由养殖户支付第三方每吨20元运输费及处理费。

②养殖户提供的粪污固体含量在30%（含30%）以上，由第三方支付养殖户每吨30元材料费。

③养殖户提供的粪污固体含量为10%～30%，双方互不支付对方任何费用，第三方免费运走。

④固体含量标准，以第三方粪污运送车现场测得的数据为准。养殖户提供的粪污质量也以第三方粪污运送车确定的数值为准。第三方每次运送粪污通过粪污资源化利用收粪平台的大数据现场打印并上传相关机构（生态环境局和农业农村部门等），相应的数值单据（复印

件、原件第三方留存）交付给养殖户方。

（3）秸秆换肥制度标准 种植户在收稻谷季节1个月内自行将秸秆运往有机肥厂（种植户可用闲暇时间顺道运送秸秆，几乎不计人工成本），每吨秸秆换取粉状肥料200千克（市场价格每吨1 500～1 800元），高端颗粒肥150千克（市场价格每吨2 500～3 500元），高含量定制微生物菌剂100千克（市场价格每吨4 000～5 000元），委托第三方运送秸秆则需要支付第三方自行运送所换取肥料收益的80%。

2. 盈利模式

（1）通过加强监管和引导利用，大力推进"受益者付费"模式 初级液态沼液肥基础收益：专业合作社向种养双向收费，每立方米粪肥收入45～60元，去除人工、运输等运营成本后，净利润能达到10～15元，每年收集运输10万吨左右，完全实现了持续良好发展。

（2）二级收粪点、液态肥基站、高品质定制液态肥基础收益 在果蔬茶等经济作物密集区建设二级收粪点、无人化液态肥基站，在收取畜禽粪便同时，顺便收取乡村已改造完成的厕所粪污，就近二次发酵螯合精制，配合糖蜜液等做成高端定制液态肥。除去人工水电等每吨获利100元以上，每年销售5万吨左右。

（3）秸秆换肥收益 二级收粪点把公路两旁、县城周边的秸秆用打捆机、搂草机等设备收集起来，发挥农作物秸秆在处理畜禽液体粪污的优势，减少或降低养殖粪污处理难度，收集每吨秸秆获利20元左右，每年收集3万吨左右。

三、技术模式

有机肥生产工艺采用畜禽粪污和农作物秸秆作为原料，通过微生物二次发酵、制粒，生产高品质微生物有机肥（图1）。原料收集采用农牧废弃物大数据消纳系统（含沼液转运系统与粪污秸秆收集大数据平台建设），与一户一策卡推广应用，实现畜禽粪污和秸秆全量化收集委托第三方进行集中处理，微生物发酵肥料资源化利用（图2）。

一是实现畜禽粪污和秸秆全量化收集，委托第三方进行集中处理，利用微生物发酵、实现肥料资源化利用；二是使用大数据信息平台监管，将所有收集消纳车辆全部安装定位系统与抓拍摄像头，实时传输养殖场粪污收集信息，并根据养殖户养殖种类、数量、清粪方式等用大数据测算出收集匹配度并建立预警机制，及时传输给属地管理部门，如生态环境、农业农村、公安等部门和第三方公司，严格把关控制粪污秸秆沼液去向及消纳，推进区域畜禽粪污和秸秆向全量化、便利化、资源化利用方向发展。

①建立粪污秸秆收集转运系统，包括畜禽粪便秸秆转运系统和沼液消纳收集转运系统。含大数据收集云平台、管理基站、远程摄像头、电脑及大型显示屏等硬件设备。

②通过专业治理与指导，按照"源头减量、过程控制、末端利用"总方针，对每一个养殖场（户）客观地进行评估和改造，科学减少养殖用水，推行"改造升级粪污处理利用设施＋微生物＋资源化利用"生态养殖，禁止粪污排放，配置足够的消纳土地，加工有机商品肥；有效规避农户（养殖户）因掌握粪污治理与资源化利用技术不到位而造成的二次环境污染风险问题。

③集中收购、处置没有土地配置消纳的畜禽粪污，依靠"微生物＋"腐质先进技术，联

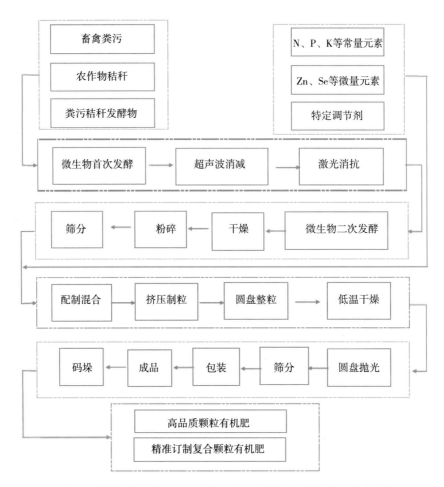

图1 德林社高品质生物有机肥生产工艺图（生产规模5万吨/年）

合处理畜禽粪污和大宗农作物秸秆等废弃物，彻底解决养殖密集区粪污污染与资源化利用问题。

④建设粪污和秸秆互联网收集处理系统，合理布局资源化利用设备设施，优化资源配置，大数据布设环境监控网络；形成以养殖户粪污治理与利用为原点，秸秆与粪污联合处理为节点，大型有机肥生产工厂为联络点，有机肥种植合作社或农户有机肥施用为散点的闭合式资源化利用立体结构。

⑤充分利用农作物秸秆在处理畜禽液体粪污的优势，减少或降低养殖粪污处理难度，既降低农户焚烧秸秆给空气带来的污染，又充分利用秸秆与粪污的互补性，处理形成秸秆粪污初级有机肥，变废为宝，为农户或有机肥生产工厂提供丰富的有机肥原料。

⑥创新企业合作机制，建立有机肥生产企业合伙人经营新模式。一是吸收大型、超大型养殖企业为有机肥生产企业合伙人，以其所生产畜禽粪污折合成相应股份入股公司（大户粪污入股机制），保证有机肥生产企业基本原料来源的相对稳定。二是吸收种植大户、农民专业种植合作社等种植企业入股公司（使用用户入股机制）。一方面形成有机肥内部消化机制，另一方面为公司开展专属有机肥个性化精准定制服务提供最便捷的试验机制；增强有机肥生产企业内部活力和市场适应力。

⑦开展产业合作，形成独具地方特色和显著规模经济效益，在养殖密集区扶持、融合发展乡村集体高品质经济，发展产业，推动建设美丽"乡村服务站"模式，联合开展订单式高品质农业、村集体高品质有机农业助推乡村振兴与全域生态大农业发展。

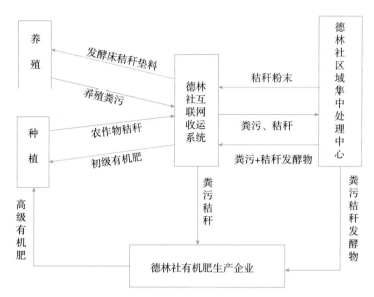

图2　德林社粪污-秸秆资源化综合利用模式图

四、效益分析

广西德林社生物有机肥有限公司以社会责任为己任，勇于探索与实践，在贯彻"源头减量、过程控制"治理原则的前提下，在"末端利用"上下功夫，集成生物制肥高新技术，形成了以高品质生物有机肥生产和品牌连锁销售，带动畜禽粪污和农作物秸秆资源化利用的"德林社"模式，在防治畜禽养殖污染、推动农业有机种植等方面取得明显成效，经济、社会和生态效益显著。对加快畜禽养殖废弃物处理和资源化利用具有较好的借鉴作用，同时，也给予相关行业从业者一定启示。

1. 构建农牧循环的"德林社"模式，提高生态效益　农业废弃物商业价值的开发，是以农业废弃物的循环利用为切入点连接种植和养殖业，构建循环农业发展模式的重要环节，也是资源化利用可持续发展的关键环节。畜禽粪污是一个大的环境污染源，同时也是一个巨大的生物质资源库。改变畜禽粪污利用大多都是直接堆肥或液态发酵处理，堆肥或发酵时间长、肥效差的传统做法；利用生物技术集中处理，既可以减少农业废弃物对环境的危害，又可以降低废弃物资源化利用成本，还可以对这些生物质资源进行商业化开发，开发出高值产品。以商业化模式对高值产品进行运营，是"德林社模式"的关键所在，也是农业废弃物无害化处理和资源化利用可持续发展的重要保障。

2. 生产高品质生物有机肥，实现高值化利用　有机肥的逐渐使用和有机农业的壮大发展，对有机肥制造业提出了新的要求，就行业发展来说，生物有机肥是肥料行业发展的必然趋势；就肥料本身的价值而言，生物有机肥必须在以下几个方面具备高品质性，方能彰显产品优势。一是具备作物适用性和地区适用性，即针对特定地域或特定大宗作物选育益生菌，如选育碱性土壤、酸性土壤、沙漠化地区土壤适宜菌株，发挥更重要的肥效和环境治理作用。二是有机矿质化发展，充分发挥微生物分解有机质、络合矿物质营养元素的生理功能，实现无机养分微生物有机转化和有机质矿质化转化，研发益生菌含量稳定、成分与含量明确的新型生物有机复合肥，具有化肥、有机肥、微生物菌剂的综合功效。三是机械化施肥作业适应性，在载体、作用方式等方面，适应农业现代化规模种植，更加适合现代有机农业的集成化发展。因此，对新建有机肥企业而言，不宜低水平重复建设，必须综合考虑资源、技术、产能等因素，向生物有机肥高端制造工艺方向发展。

3. 采取秸秆换肥、粪污换肥措施，鼓励农民种植多使用生物有机肥　生物有机肥是一种新型肥料产品，对优化农业投入品品种结构、改良土壤、提高肥力和改善作物根际微生物群等具有积极作用。通过宣传引导，基地建设示范，秸秆换肥、粪污换肥等多项措施，鼓励农民通过施用生物有机肥的方式保持和提高土壤地力，走出偏施化肥的误区，培育农民成为生物有机肥消费主体，提高种植业综合效益。

西南地区

四川省泸县畜禽粪污处理中心

一、基本情况

1. 区域概况　泸县古称江阳，是中国龙文化之乡，位于四川盆地南部，地处四川、云南、贵州、重庆四省结合部，成渝经济带核心区域。东与重庆市永川区、泸州市合江县连界，南与泸州市龙马潭区和江阳区相邻，西与自贡市富顺县接壤，北与重庆市荣昌区和内江市相连。西南出海大通道长江、沱江穿境而过，是长江重要的生态屏障保护区。

全县面积 1 532 千米^2、户籍人口 109 万人，地少人多，人均耕地少。泸县全国农村土地制度改革三项试点县、全国农村集体产权制度改革试点县、全国首批畜禽粪污资源化利用重点县、全国粮食生产先进县、全国平安渔业示范县、国家级水稻制种基地县、国家优质商品猪战略保障基地县、生猪调出大县。粮食生产、水稻制种、生猪养殖、晚熟龙眼、泡菜蔬菜是泸县农业生产靓丽的名片。

泸县是养殖业大县，2018 年出栏生猪 107.27 万头、家禽 1 364.32 万只、肉羊 7.87 万只、肉牛 0.24 万头，畜牧业产值 32.5 亿元，占农业产值的 40.6%。

2015 年泸县与四川巨星集团签订生猪发展战略协议，投资 6 亿元建设 30 万头生猪产业化项目，新建祖代、父母代种猪场 3 个，可存栏种猪 14 000 头。目前全县已建成规模养殖场 500 余个，以生猪为主的畜禽适度规模养殖比例达到 72% 以上。

近年来，泸县农业部门积极整合项目资金，采用以奖代补形式鼓励建设标准化规模养殖场，并将养殖设备纳入农机补贴，同时结合本地实际，走出了一条具有泸县特色的生猪"寄养模式"，独创了适合现代养猪需要的"蜀龙"猪场，配套修建生物异位发酵床，形成了"龙头企业＋基地＋专业合作社＋农户"的现代养猪方式。目前有 80 余家年出栏 500 头以上生猪养殖场采用"寄养"模式，已建成"蜀龙"猪场 2 个，即将建设的"蜀龙"猪场 5 个。

2. 依托主体

（1）畜禽粪污处理中心建设公司　泸州汇兴投资集团有限公司（以下简称"汇兴公司"）作为泸县畜禽粪污处理中心的建设业主，成立于 2013 年，注册资本 30 000 万元。成立至今的 6 年时间里，公司主要从事能源、交通、基础设施、农田水利、农业项目、旅游项目等支柱产业及高新技术产业的投资；对授权的建设项目、投资项目、国有资产进行经营管理，并通过资本运营，开展投资、融资业务。2017 年汇兴公司作为建设业主实施畜禽粪污处理中心的建设，目前已完成项目建设内容并投入运行。

（2）畜禽粪污处理中心运营公司　四川国科中农生物科技有限公司（以下简称"国科中农"）成立于 2010 年，是中国宝安集团旗下农业板块的核心企业，是一家技术创新型的农业科技公司，专注于农业微生物领域现代生物技术与产品的研发和推广，在农业废弃有机质资源的开发利用方面有显著技术优势，形成了一系列的专利技术和产品，取得了农业农村部生物有机肥、复合微生物肥、复合微生物菌剂登记证，是西南地区唯一一家具备微生物菌肥全套生产资质的企业。2018年国科中农通过招投标方式进入泸县，以提供流动资金、技术、管理团队和市场销售等方式合作运营泸县畜禽粪污处理中心。

（3）资金投入 泸县畜禽粪污处理中心位于泸县得胜镇接官坝村，占地98.6亩，通过农村集体土地入市方式取得建设用地。泸县畜禽粪污处理中心总投资1.5亿元，其中国家畜禽粪污资源化利用重点县项目安排资金1 432.37万元、县财政配套资金1 000万元、企业自筹12 567.63万元。

3. 处理规模

（1）处理能力 泸县畜禽粪污处理中心设计规模为年处理20万吨畜禽粪污，年生产7万吨生物有机肥。自建菌剂车间，采用与医药行业抗生素生产完全一致的数字化菌剂发酵生产线，可生产无抗养殖、有机质发酵、肥效增效和药肥一体4个大类菌剂，年产各种功能菌剂达3 000吨，能满足30万吨高端生物有机肥的生产需求。

（2）覆盖区域范围 畜禽粪污处理中心主要立足泸县，辐射服务泸州其余3区3县的规模养殖场（户）。在整个工艺流程的设计中考虑有机肥、生物有机肥、复合微生物肥、有机无机复混肥的粉剂和颗粒型产品的兼容性，同时兼顾市场对高、中、低档产品的需求，整条生产线的设计规模和处理能力在全国领先，生产产品根据需求立足于泸州，面向西南，辐射全国。

二、运营机制

1. 运营模式 泸县畜禽粪污处理中心采用"国有资产投资搭台，民营资本登场唱戏"的创新运营机制，坚持政府支持，吸纳社会资本，以民营企业为主体进行市场化运作。

泸县畜禽粪污处理中心以泸州汇兴公司作为业主单位，夯实基础设施建设，再通过招投标方式引入国科中农公司，提供流动资金、技术、管理团队和市场销售等方式合作运营，通过国有和民营的通力合作，汇集技术、资金、政策、市场等项目持续经营的必需要素。汇兴公司派驻财务及库管代表参与畜禽粪污处理中心具体运行工作；汇兴公司拥有保底分红，每年50万元，亏损部分由国科中农公司负责，根据盈利情况，按照汇兴公司40%、国科中农公司60%的比例进行分红。

2. 盈利模式

（1）成本构成 泸县畜禽粪污处理中心运营成本主要来源于原料收集部分。泸县畜禽粪污处理中心在项目设备采购过程中，考虑了多种农业废弃物（畜禽粪污、农作物秸秆等）发酵处理的兼容性，极大扩充了原料来源。在畜禽粪污收集方面，与巨星农牧科技有限公司达成有机肥环保利用项目合作协议，为巨星公司养殖场提供异位发酵床生产需要的基础垫料、微生物菌剂；在农作物秸秆收集方面，按照300元/吨收购泸县下辖各镇秸秆收储中心收集的农作物秸秆。

（2）盈利收益构成 泸县畜禽粪污处理中心在设计和建设过程中，充分考虑固体有机质发酵和液体菌剂生产模式。中心固体发酵共有3条生产线，2条15吨/时的粉剂生产线和1条8吨/时的颗粒生产线。中心建有菌剂生产中心，借助国科中农公司强大的自主研发团队以及与中国科学院微生物研究所、中国农科院农业资源与农业区划研究所和中国农业大学等院校的合作，不断研发、引进、消化新科研技术成果，生产的微生物菌剂除满足中心自身运营生产外，产品远销省内外。

（3）盈利点和盈利模式 泸县畜禽粪污处理中心盈利点和盈利模式主要体现在以下两个方面。①市场化运作，泸县畜禽粪污处理中心具备固体有机质发酵和液体菌剂生产能力，可根据要求，配方生产满足不同客户需求的中高档有机肥产品，实现产品多功能化，一肥多用；②政策性引导，泸县政府出台了《泸县人民政府关于〈泸县农业有机肥替代化肥行动实施方案〉的通知》（泸县府办发〔2017〕186号），县财政安排600～800万元，以政策性引导种植业新型经营主体采购生物有机肥，从而逐年减少化肥用量。

三、技术模式

1. 模式流程 泸县畜禽粪污处理中心生产流程包括原材料收集、混合、高温发酵、陈化增效、粉碎、筛分、制粒包装等程序，具体见图1。

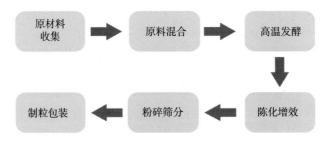

图1 泸县畜禽粪污处理中心模式流程

2. 收运模式

（1）收运车辆的购置 泸县畜禽粪污处理中心原料转运采取"自运＋他运"方式。中心自建畜禽粪污运输车队，购买6辆载重10吨运输车，根据养殖场上报、统计人员统计的每天需转运的粪污量统筹安排，转运全县20个镇（街道）养殖场畜禽粪污，为中心提供原料；购买第三方服务，租赁第三方公司4辆载重20吨车辆，用于农作物秸秆的转运。

（2）原料储存 泸县畜禽粪污处理中心原辅材料贮存区面积9 025米^2，一次性可存放3万吨各类有机肥原料，根据原料类型及生产需要，将原辅材料贮存区划分为农作物秸秆暂存区、畜禽养殖废弃物暂存区、病死畜禽无害化处理下脚料暂存区及应急区四个小区；并对畜禽养殖废弃物暂存区进行全密闭处理，安装空气抽滤洗涤系统，自动进行空气收集处理。

（3）转运费用 畜禽粪污粪污处理中心与巨星农牧科技有限公司达成有机肥环保利用项目合作协议，中心为巨星公司养殖场提供异位发酵床生产需要的基础垫料、微生物菌剂，巨星公司生产的畜禽粪污发酵产物免费提供给中心使用。中心与各镇农作物秸秆收储点签订协议，按照300元/吨收购收储点收集的农作物秸秆。

3. 处理技术 "四大技术保运营"，即泸县畜禽粪污处理运用槽式高温发酵技术、微生物生产运用技术、肥料配方技术、环保工艺处理技术来保障中心稳定运营，处理工艺见图2。

泸县畜禽粪污处理中心槽式发酵技术采用行业内首创的智能化双洗盘槽式翻堆机，实现"一机双拖"；在原料发酵过程中添加发酵腐熟菌剂，减少氮、硫等有害恶臭气体排放；进入

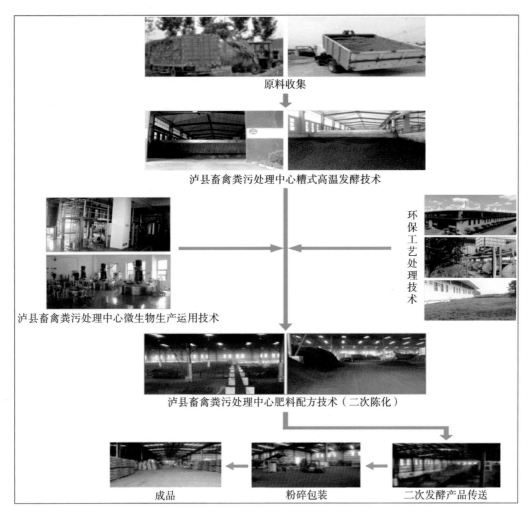

原料收集

泸县畜禽粪污处理中心槽式高温发酵技术

环保工艺处理技术

泸县畜禽粪污处理中心微生物生产运用技术

泸县畜禽粪污处理中心肥料配方技术（二次陈化）

成品　　　　　粉碎包装　　　　二次发酵产品传送

图2　泸县畜禽粪污处理中心工艺流程

二次陈化车间后，采用肥料配方技术，通过二次陈化，有机质缓慢分解为小分子有机物，肥效进一步增强。环保工艺处理技术方面，采用活性污泥洗涤有机废气的"水、气一体化联动处理"＋"景观化的草坪式臭气吸收工艺"，实现废水回收利用和发酵空气的异味吸附处理，真正达到零排放。

4. 利用模式　泸县畜禽粪污处理中心产品立足泸州、面向四川、辐射全国，根据用户需求，生产高、中、低三档生物有机肥。生产的低档生物有机肥主要满足当地用户的需求，替代各种化肥、氮磷钾三元复合肥、农家肥，作为底肥和追肥使用，用于改良土壤、提升地力；中档生物有机肥主要满足于西南片区种植业基地的需求，增强植株分蘖拔节、开花坐果、抗寒、防病抗虫、抗倒伏能力，提高幼苗、幼芽、分蘖、花蕾初现期效果；改善果实口感，果实更甜、更香，品质明显提高，实现种植业的提质增效；高档产品通过渠道市场，采取订单生产，服务于精准种植业。

四、效益分析

1. 经济效益 项目投资 1.5 亿元，产品平均的纯利润为 115 元/吨，年效益为 805 万元，项目投资的静态回收期是 13.8 年。通过运营过程中的成本控制和品质提升，加上生物有机肥处于整个行业的上升期，投资回报可期。

2019 年 9 月，泸县畜禽粪污处理中心已正式投入生产运营，截至 10 月，已生产商品有机肥 0.3 万吨，接受省内外各种订单总计 2.5 万吨。

2. 社会效益 通过该项目的运营，泸县逐步形成了一个覆盖全县的农业废弃物收储、运输、处理体系，增加了大量就业岗位，对建设美丽乡村、农产品提质增效、保障农产品安全等方面都有极大的意义；同时，项目的成功运营，也会为社会资本参与解决政府公益性项目提供了很好的示范和借鉴作用。

3. 生态效益 畜禽粪污处理中心是践行循环经济和低碳经济的最佳载体，通过对农业废弃物（养殖废弃物和种植废弃物）的回收再利用，变废为宝，搭建泸县绿色生态循环体系。在治理农村面源污染和改良土壤方面具有一举多得的效益。项目的落地和运营，每年至少可处理 20 万吨养殖废弃物，对于保护大气环境、改善区域水体指标、提升耕地地力、提升农产品品质方面具有显著示范意义。

四川圣迪乐村生态食品股份有限公司

一、基本情况

1. 区域概况 绵阳市位于四川盆地西北部，涪江中上游地带。地理坐标为东经103°45′—105°43′，北纬30°42′—33°03′。东邻广元市青川县、剑阁县和南充市的南部县、西充县；南接遂宁市的射洪县、大英县；西接德阳市和阿坝藏族羌族自治州；北与甘肃省陇南市文县接壤。

根据绵阳市2018年统计年鉴数据，2017年绵阳市生猪存栏232.68万头，出栏347.8982万头；牛存栏22.9958万头，出栏10.9517万头；羊存栏81.2224万只，出栏98.7719万只；禽存栏3099.5511万只，出栏6121.4937万只；兔存栏341.3018万只，出栏839.1994万只。按照农业系统2017年规模养殖场资源化利用直联直报数据，现有规模养殖场1131家，其中，鸡122家、牛89家、猪881家、羊39家。

畜牧业已经成为绵阳市农业经济发展的支柱产业，在经济发展中占有重要地位。2017年绵阳农牧渔业总产值为509.1623亿元，其中牧业总产值为193.7266亿元，占比38.05%。

2. 依托主体 四川圣迪乐村生态食品股份有限公司位于绵阳市梓潼县长卿镇石河村2、3社交界处（宋家桥）及宏仁乡，占地面积400余亩，主要从事种禽业、绿色高品质蛋鸡养殖及其蛋品的开发、生产、加工和销售。

圣迪乐村公司是国家蛋鸡产业技术体系综合试验站，西南地区唯一一家建立现代蛋鸡三级良繁体系的企业，其祖代鸡场是全国唯一的"罗曼蛋鸡祖代示范场"；父母代鸡场，是全国首批入选"国家蛋鸡良种扩繁推广基地"；商品代蛋鸡采用"品牌＋标准＋规模"的发展模式，先后在四川梓潼、四川广元、江西丰城、安徽铜陵、河北沧州、湖北黄石、湖北襄阳、湖北石首、广东开平、贵州毕节等地建立20余个养殖基地，养殖规模逾1000万只。

圣迪乐村公司高度重视环保治污投入，坚守绿色养殖生命线，通过不断改进升级粪污处理技术，选择合适的粪污处理设备、模式。公司与田宝科技、国沃生物等有机肥企业建立长期合作关系，先后投资800多万元引进罐式鸡粪发酵设备，加工制造有机肥，致力于鸡粪资源化利用探究及推广。

3. 处理规模 圣迪乐村粪污集中处理中心为公司配套的粪污处理单元，建成运营4套鸡粪立式发酵罐，年生产2.5万吨有机肥，有机肥就近（绵阳片区）销售，全部用于农田、果园、林地施肥，避免二次污染。

二、运营机制

1. 运营模式 养殖企业与粪污处理公司联营合作模式，即养殖企业产生的粪污作为原料全部转运至粪污处理场所加工成有机肥，粪污处理公司由专业的团队经营运行。

2. 盈利模式 养殖公司将粪污无偿交于粪污处理公司，粪污作为生产有机肥原料节约了原料成本，销售有机肥是企业经营的主要收入，同时粪污处理为国家鼓励支持的行业，在运营中享受农业优惠电价及减、免税等相关政策，节约了运行成本。

三、技术模式

1. 模式流程 鸡粪传送带收集输送→汽车收集转运 →粪污集中处理 →有机肥销售 →有机肥还田。

2. 收运模式 鸡粪通过传送带收集转移到中转车辆中，车辆密闭转移至鸡粪发酵加工车间，将其堆放至硬化防渗、防雨区域，鸡粪辅料调配好后由铲车转运到提升斗中，提升斗将物料输送至发酵罐，腐熟的有机肥堆放在成品间（图1至图4）。

图1 传送带收集 　　　 图2 汽车转运车厢密闭 　　　 图3 密闭、硬化车间暂存

3. 处理技术 粪污、发酵菌种、辅料混合均匀后，输送到密闭的发酵罐中，搅拌设备对物料进行搅拌，物料得以疏松，同时风机为物料提供充足的氧气，促进物料发酵熟化，过程中产生的高温（70℃）杀灭致病菌虫卵，物料腐熟后制造成为有机肥。

图4 立式鸡粪发酵设备

4. 利用模式　粪污好氧堆肥发酵后制造成有机肥，有机肥还田利用。

四、效益分析

依据《四川省畜禽养殖污染防治技术指南（试行）》估算，圣地乐村每年能消化掉 2.2 万吨粪便，年产优质有机肥 6 600 吨左右，可实现收入 660 万元以上、利润 99 万元左右（150 元/吨）。有机肥还田，以有机肥替代化肥，极大地减少了化肥使用量，在化肥不断涨价的情况下，降低了种植成本，同时提高了种植业产量和品质，实现了经济效益最大化。

梓潼县畜禽养殖综合生产能力排在绵阳市前列，是绵阳市农业发展的动力之一，并在梓潼经济发展中扮演重要角色。粪污资源化利用，对完善产业结构、构建畜牧养殖生态链具有重要意义。圣迪乐村是蛋鸡养殖行业标准化模范示范企业，在提高当地养殖技能、管理水平、劳动就业率，以及规模经营、品牌推广方面，有显著社会效益。

粪污处理利用设施设备的建设及升级，从源头减量、过程控制、末端利用三方面有效地控制养殖环节粪污的排放和治理，具有良好的生态环境效益，最大限度降低了畜禽养殖对环境的影响；粪污的资源化利用，将种植业与养殖业有效结合，减少了对环境的污染，具有良好的生态环境效益。

云南顺丰洱海环保科技股份有限公司

一、基本情况

1. 区域概况 大理白族自治州地处云南省中部偏西，地跨东经 $98°52'$—$101°03'$、北纬 $24°41'$—$26°42'$、东临楚雄州，南靠普洱市、临沧市，西与保山市、怒江州相连，北接丽江市。大理市为大理白族自治州府所在地。洱海国家级自然保护区是我国著名的七大淡水湖泊之一，素有"高原明珠"的美称，是大理市主要的水源地，北起洱源，长约 42.58 千米，东西最大宽度 9 千米，湖面面积 256.5 千米^2，平均湖深 10 米，最大湖深达 20 米，因形状像一个耳朵而取名为洱海。

大理白族自治州自古以来就是典型的粮食经济作物和畜牧业养殖的主产区，洱海流域（大理市、洱源县）是大理白族自治州畜禽养殖的重要区域，乳业更是其传统的优势产业，有着悠久的历史，是云南省乃至我国西南地区最大的奶源基地。目前奶牛养殖业已经成为农村经济快速发展以及增加农民收入的重要手段和措施。

据统计，2016 年洱海流域饲养有奶牛 10 多万头、生猪 50 多万头、家禽 600 余万只。每天每头奶牛产生的粪便近 30 千克，每年将产生近 100 万吨的奶牛粪便；每天每头生猪产生的粪便近 2 千克，每年将产生近 36 万吨的猪粪便；每天每只家禽产生近 0.12 千克的禽粪便，每年将产生近 70 万吨的禽粪便，洱海流域每年共计将产生畜禽粪污近 206 万吨，畜禽粪污已成为洱海流域的主要污染源之一。

2. 依托主体 洱海流域畜禽粪污资源化利用集中处理依托云南顺丰洱海环保科技股份有限公司（图 1）。该公司是一家以生物质能源及有机肥料研发、生产、销售、物流为一体的环保型工业企业，以洱海流域废弃物资源化利用为核心，并对洱海流域餐厨垃圾、公厕粪便、农作物秸秆、洱海水葫芦、污水厂污泥、洱海蓝藻藻泥、洱海底泥、动物残体、废弃菜叶等综合废弃物进行资源化利用。企业总投资 10.07 亿元，分别实施"洱海流域畜禽养殖污染治理与资源化工程项目"和"洱海流域特大型生物天然气工程试点项目"。

（1）洱海流域畜禽养殖污染治理与资源化工程项目 "洱海流域畜禽养殖污染治理与资源化工程项目"投资 4.4 亿元，在洱海流域的大理市、洱源县建成 4 座大型的有机肥加工厂、25 座大型废弃物收集站以及多个非固定式的废弃物收集站点。截至 2019 年 8 月 30 日，公司累计收集处理洱海流域各类废弃物 134.98 万吨，有效保护了洱海。

（2）洱海流域特大型生物天然气工程试点项目 "洱海流域特大型生物天然气工程试点项目"是国家发展和改革委员会、国家农业农村部重点支持的全国较大的一个特大型生物天然气工程国家试点项目（图 2、图 3）。项目总投资 5.67 亿元，项目建成运营后每年可处理

图1　项目依托主体洱海环保科技股份有限公司

洱海流域畜禽粪污、餐厨垃圾、公厕粪便、农作物秸秆、洱海水葫芦、污水厂污泥、洱海蓝藻藻泥、洱海底泥、动物残体、废弃菜叶等各种废弃物 35 万吨，可日生产车用燃气 3 万米^3，年生产车用燃气1 050万米^3，可日供1 500辆生物天然气出租车使用，可减少1 500辆汽车尾气的排放。

3. 处理规模　云南顺丰洱海环保科技股份有限公司承担实施的"洱海流域畜禽养殖污染治理与资源化工程项目"和"洱海流域特大型生物天然气工程试点项目"每年可收集处理洱海流域各类型废弃物 195 万吨，基本实现了洱海流域（大理市和洱源县）废弃物收集处理全覆盖。年产有机肥料 80.1 万吨，生产生物天然气1 050万米^3。

厌氧发酵设施

天然气存储

图2　洱海流域特大型生物天然气工程试点项目

图3 洱海流域特大型生物天然气工程厂区

二、运营机制

1. 运营模式 公司项目的实施运行不仅可以对源头上的各种有机废弃物进行资源化利用，实现"变废为宝"，对发展绿色能源、打造"洱海"绿色食品牌、打造健康生活目的地起到了重要的推动作用，而且还构建出了废弃物资源化利用的全产业链模式，实现了一、二、三产业深度融合发展，形成了政府引导、企业为主体、市场化运营的可持续发展模式，对洱海的保护以及国内其他湖泊流域的治理起到了示范的推广作用，其模式、做法可借鉴、可复制、可推广。

2. 盈利模式 依托洱海流域丰富的畜禽粪污、餐厨垃圾、公厕粪便、农作物秸秆、洱海水葫芦、污水厂污泥、洱海蓝藻藻泥、洱海底泥、动物残体、废弃菜叶等综合废弃物，生产有机肥料和生物天然气等产品。有机肥料不仅在国内销售，还出口到周边国家。

同时现阶段公司在大理市投放了200辆生物天然气出租车，每辆生物天然气出租车收取4 900元/月的目标责任金，同时对单月单车总行驶里程数达5 000千米（含5 000千米）的，按照0.1元/千米给予考核奖励，封顶奖励为1 000元/（月·车），公司收取的目标责任金总计为3 900元/月。

三、技术模式

1. 模式流程 见图4、图5。

2. 收运模式 根据洱海流域废弃物产生及分布的情况，云南顺丰洱海环保科技股份有限公司探索出了户集、户售、站收、厂运，户保洁、村镇收集、公司转运，专用车辆流动上门收集，发放废弃物收集设施定时清运，废弃物产生主体自行运送到收集站，以及与废弃物产生主体签订协议定期清运六种废弃物收运模式（图6）。

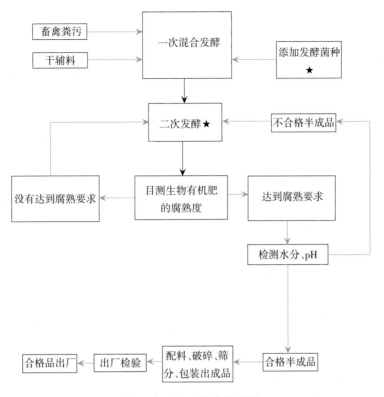

图 4 好氧发酵技术模式图

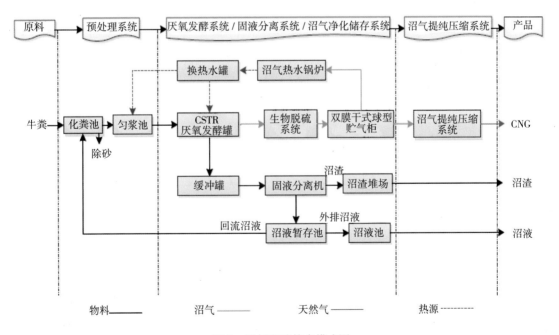

图 5 厌氧发酵技术模式图

3. 处理技术 废弃物处理工艺技术采用"好氧＋厌氧"相结合的方式实现资源化利用。

自行输送

村镇收集

定期清运

上门收集

图 6　废弃物收运体系

4. 利用模式　废弃物在好氧和厌氧处理后，产生沼气、沼渣、沼液三个初级产品（图7），其中：沼气用于提纯压缩成 CNG 运输到 CNG/LNG 加气站，供生物天然气车辆使用；

有机肥生产

有机肥运送

有机肥施用技术服务

图 7　发酵产品利用

沼渣用于生产固体有机肥，生产过程中筛分出来的粗料用于生产栽培基质土；沼液用于生产液体有机肥。

四、效益分析

1. 经济效益 "洱海流域特大型生物天然气工程试点项目"与"洱海流域畜禽养殖污染治理与资源化工程项目"的实施运行，可实现 20 亿元的销售收入，将会带来近亿元的利税。

2. 社会效益 项目每年可为养殖户增加上亿元的经济收入，为农村富余劳动力提供大量的就业机会，有效解决农村畜禽养殖带来的污染问题，使农村环境卫生得到根本性改善。牛奶可以卖钱，牛粪也可以卖钱，减少了养殖户的饲养成本，卖牛粪的收入完全可以购买一部分青贮饲料或补贴家用，这种"牛粪（废弃物）处理机制"得到了广大养殖户的一致认可与欢迎。将用牛粪生产的生态有机肥运用到农业生产当中，实现"一控两减三基本"，实施有机肥替代化肥行动，发展生态农业，有效控制了农业面源污染，社会效益显著。

3. 生态效益

①项目每年可收集利用洱海流域各种类型废弃物 195 万吨/年，每年可减排 COD 7.2 万吨、总氮 0.47 万吨、总磷 0.18 万吨、氨氮 0.07 万吨。

②项目可年产 80.1 万吨的有机肥料生产规模，可发展近 160 万亩绿色生态农业种植。

③每年能生产生物天然气 1 050 万米^3，替代标准煤 13 860 吨，减排二氧化碳 9 300 吨，日供 1 500 辆生物天然气出租车、公交车使用，有效地减少了大气污染。

西北地区

甘肃方正节能科技服务有限公司

一、基本情况

1. 区域概况　高台县，隶属于甘肃省张掖市，地处甘肃河西走廊中部，黑河中游下段，自古被称为"河西锁钥、五郡咽喉"。地势南北高、中间低，南部为祁连山北麓，北部为合黎山地，中间为绿洲平原，黑河纵贯县境。全县土地总面积4 346.61千米^2，下辖9个镇。截至2017年年末，高台县总人口15.8万人。高台县草本植物主要有土包头、马莲、白刺、冰草、合头草、红砂、芨芨草等。粮食作物种类有小麦、玉米、稻谷。全县牛饲养量18.15万头，生猪饲养量29.99万头，羊饲养量60.16万只，鸡饲养量94万只。

2. 依托主体　高台县方正节能科技服务有限公司（图1）成立于2013年1月，注册资金3 000万元，现有职工66人，其中技术人员25人。公司主要从事生物天然气、有机肥、生物质固体燃料的生产预销售；农牧固体废弃物的收购与仓储；节能改造、运营等节能服务。公司成立5年来，投资760万元建设了高台县骆驼城镇怡馨嘉园小区大型沼气集中供气工程；投资12 000万元建设了日产2万米^{3}生物天然气及有机肥循环利用工程。其中，生物天然气及有机肥循环项目为西北最大的厌氧发酵项目。2016年公司被评为张掖市市级农业产业化龙头企业，也是第五批国家发展和改革委员会备案的节能服务公司。

图1　公司鸟瞰图

3. 处理规模　公司已建成30 000米^{3}厌氧发酵罐和沼气提纯装置，以及年产5万吨有机肥生产车间、办公区、配套公用设施等。公司始终坚持绿色、环保、循环、节能的发展理念，以"资源节约、生态循环、环境友好"为目标，积极探索农业废弃物收集、处理、配送等配套服务体系建设，进一步串联区域内养殖、种植、有机肥加工、废弃物综合利用、耕地改良等各个环节，初步形成了具有本地特色的现代生态循环农业发展体系。

二、运营机制

1. 运营模式　处理中心辐射 30 千米以内的农作物秸秆、尾菜、养殖场畜禽粪污资源。通过农户自运或收集车将畜禽粪污、尾菜等运送至相应处理点，畜禽粪污、尾菜等经预处理后的产物可用于生产有机肥、生物有机肥、复合微生物肥料，产品适合全部农作物使用；厌氧发酵生产的沼气经提纯后获得的生物天然气可供出租车、公交车及私家车使用，沼气集中供气模式适合短距离管道输送，实现了"畜—沼—肥"资源化利用模式和"畜禽养殖、秸秆—有机肥—有机种植"的现代农业循环产业链。

2. 盈利模式　公司以处理有机废弃物和生产沼气为主，主要生产原料来自于农业废弃物。鲜粪回收因不同畜种、干燥程度定价不一，秸秆储运环节高台县政府给予每吨 120 元补贴。前期设备投入 1 140 万元，年可处理畜禽粪污 15 万吨，农作物秸秆 1.66 万吨，同时可新增就业岗位 310 人，公司年销售收入 1.5 亿元，年创税收入 400 余万元，年创利润 1 200 万元。

三、技术模式

1. 模式流程　见图 2、图 3。

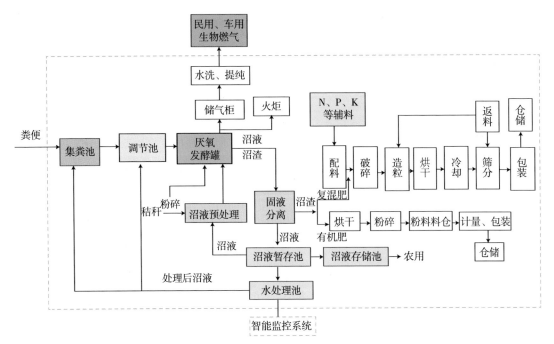

图 2　"畜—沼—肥"生产工艺流程

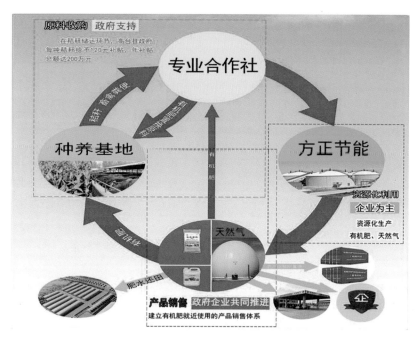

图 3 "畜—沼—肥"资源化循环利用模式

2. 收运模式 该技术模式可处理固体畜禽粪便 12.5 万吨、尾菜 5.2 万吨、秸秆 1.66 万吨，共计 19.36 万吨。畜禽粪便由企业自配的 5 辆运输车，组织专人运输至处理站；对较远乡镇的畜禽养殖粪便，企业正在尝试用股东的石油液化气兑换的方式进行收集储存。

3. 处理技术 该技术采用畜禽养殖粪便和农作物秸秆混合厌氧发酵，既解决了两种固体废弃物的污染问题，同时使混合物料发酵过程中厌氧菌所需的营养更加均衡。秸秆木质纤维素含量高，且密度小、体积大，难以生物消化，不具有流动性，无法连续进、出料和进行连续的厌氧发酵。针对畜禽养殖粪便和农作物秸秆混合后特殊的物料性质，企业已研发出了一种带有强化搅拌的改进型全混合 CSTR 反应器。该反应器带有组合式搅拌系统，可实现多种搅拌组合，大大提高混合原料的发酵传热、传质效率，显著提高产气量。

企业依托已建成的 30 000 米^3 厌氧发酵装置和年产 5 万吨固体有机肥生产车间，与农民专业合作社协作进行原料收集和储存，以及生物有机肥、有机肥、复合微生物肥料、沼液、肥水的生产销售。

①固体粪污：采用"沼气处理＋有机肥生产＋沼液利用"相结合的方式进行处理，有机肥和沼液肥水提供给种植区。

②液体粪污：经过厌氧发酵进行浓缩处理，生产液体生物有机肥，通过肥水一体化设施输送到种植区利用。

③尾菜、秸秆：农作物秸秆主要通过破碎—打包—运输—厌氧发酵—固液分离—有机肥生产，达到肥料化利用的目的。

该技术模式对畜禽粪便进行厌氧发酵，所产生的沼渣、沼液加工生产颗粒有机肥和液体微生物有机肥。沼渣、沼液安全、高效，可避免对耕地造成二次污染，使用后可减少化肥使用量，改善土壤结构，提高农产品品质和产量；并且沼液是生产无公害绿色、高档有机蔬菜的最佳肥料，能极大提高氮、磷、钾的吸收率（图 4 至图 8）。

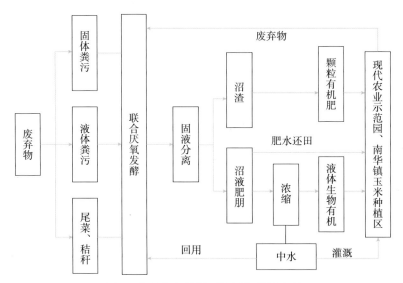

图4 农业废弃物循环资源化利用流程

图5 生物有机肥生产车间与设备

图6 生物有机肥发酵车间

图7 液体生物有机肥生产车间

图8 生物有机肥产品

4. 利用模式 该技术模式采用第三方企业收集畜禽养殖粪污、作物秸秆和尾菜等废弃物，以厌氧消化为技术核心，结合预处理、沼气净化提纯、有机无机复混肥、有机肥和复合微生物肥料生产等工艺，采取"以点带面、点面结合、示范带动、区域推进"的方式，形成"畜—沼—肥"资源化利用模式和"畜禽养殖、秸秆—有机肥—有机种植"的现代农业循环产业链。

四、效益分析

1. 经济效益　该模式正常运行后，可实现企业年销售收入 1.5 亿元，年创税收入 400 余万元，年创利润 1 200 万元。

2. 社会效益　该模式运行后，年可处理畜禽粪污 15 万吨、农作物秸秆 1.66 万吨，有效解决了当地畜禽粪便、秸秆等废弃物的综合处理和循环利用问题，同时可新增就业岗位 310 人，带动周边农户发展绿色、有机蔬菜，增加农民收入，促进了当地绿色有机农业的发展，为西北地区提供了一个工业化处理废弃物和资源化循环利用的模式，并为国家"化肥零增长行动"提供了强有力的支撑。

3. 生态效益　该模式以农作物秸秆和畜禽粪污生产沼气为纽带，通过秸秆及畜禽粪便进行生物转化，减轻了农作物废弃秸秆和养殖场粪尿污染，有效破解了农村柴草和养殖粪便对生态环境影响的难题。生物质燃料的生产与利用，有效缓解了农村能源不足的矛盾，节约了资源，改善了农村居民的生活环境，提高了农村居民的生活质量。

青海禾田宝生物科技有限公司

一、基本情况

1. 区域概况　大通回族土族自治县位于青海省东部河湟谷地，祁连山南麓，湟水河上游北川河流域，大通回族土族自治县是青海省西宁市下辖县，县城桥头镇距西宁市35千米，距西宁飞机场60千米，地理坐标为东经$100°51'—101°56'$、北纬$36°43'—37°23'$，全县总面积3 093千米^2。

截至2017年年底，大通县养殖场88家（包括2017年新建的4家）。其中，历年累计认定的规模养殖场76家，2017年禁养区清养13家，停止生产的27家。目前，大通县正常生产运行的养殖场有48家。其中，生猪养殖场14家，猪存栏15 680头；肉牛养殖场17家，存栏7 690头；肉羊养殖场8家，存栏6 843只；奶牛养殖场4家，存栏1 040头；蛋鸡养殖场4家，存栏157 000只；獭兔养殖场1家，存栏5 000只。2018年，全县草食畜存栏达到35.45万头（只、匹）。其中，存栏牛17.82万头、羊17.11万只、马属动物0.65万匹、生猪6.35万头、家禽32.36万只；出栏草食畜22.42万头（只、匹）。其中，牛出栏7.37万头、羊出栏15.03万只、马属动物出栏0.02万匹。全县肉类总产达1.81万吨，奶类总3.78万吨，禽蛋0.34万吨。2018年，全县累计产生固体粪污130.19万吨。其中，牛粪110.96万吨，羊粪10.29万吨，猪粪7.37万吨，鸡粪1.57万吨。散户饲养的畜禽粪便通过堆积发酵后还田处理。

2. 依托主体　畜禽粪污资源化利用集中处理项目依托单位为青海禾田宝生物科技有限公司，以及大通录明养殖专业合作社及各养殖场。青海禾田宝生物科技有限公司位于大通回族土族自治县长宁镇双庙村，距宁大高速入口6.70千米、宁张公路2千米，距离大通回族土族自治县县政府26.8千米、青海省省会西宁市8.9千米。青海禾田宝生物科技有限公司由袁录明个人出资组建，注册资金为1 000万元。主要从事生物有机肥研发、推广、加工、销售，农田基本建设项目、农副产品加工及销售。公司建设有机肥加工厂，占地20亩，总投资3 000万元。其中，原料池940米^2，发酵池2 070米^2，预混粉碎车间3 290米^2，腐殖酸库480米^2，造粒车间2 500米^2，成品库房600米^2，燃料库750米^2，生活区1 200米^2。配套完成场区硬化11 500米^2，围墙430米，供水管网3 000米，排水管网1 500米，完成生活区绿化300米^2。

3. 处理能力　生产设备73台（套），其中有机肥加工设备50台（套）、其他设备23台（套）。公司建成年产5万吨的有机肥生产线，可每年吸纳大通回族土族自治县9～12.5吨畜禽粪污，帮助解决大通地区畜禽粪污资源化利用问题，并可避免粪污二次运输对环境造成污染。

二、运营机制

青海禾田宝生物科技有限公司畜禽粪污资源化利用集中处理项目在当地形成了区域循环经济模式，主要由公司旗下大通录明养殖专业合作社已建成的蛋鸡养殖场以及其他养殖户提供有机肥发酵原料。大通录明养殖专业合作社厂房6栋6 000米²，办公室及宿舍、蛋库、兽医室、饲料库房1 600米²，消毒池2处、80米²，拥有鲜蛋配送车2台，小型饲料加工设备2台（套），自动喂料机6台，自动清粪机6台，自动温控系统6套，自动饮水系统6套，阶梯式蛋鸡笼836组，养殖蛋鸡10万只，年产生鲜鸡粪约4 400吨（图1）。

图1　鸡舍饲养设施

三、技术模式

1. 模式流程　公司生产的有机肥成品能满足大通种植需求，种植的作物其中一部分又可加工成饲草、饲料等供给养殖业饲养需求。因此，公司的运营模式在大通回族土族自治县当地打造了一个区域循环经济圈。模式流程见图2。

有机肥生产的主要原料包括养殖场的猪粪、牛粪、鸡粪等；配料包括稻草、秸秆、木炭、草碳、稻壳等。有机肥生产主要包括有机物料接种发酵（预发酵）、主发酵、粉碎、复配与混合、烘

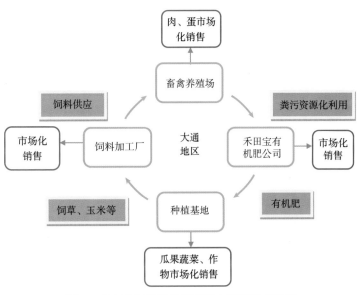

图2　畜禽粪污资源化利用集中处理模式流程

干、造粒、冷却、筛分、计量包装等工艺单元。有机肥制粒生产流程见图3。

2. 处理技术 该模式以当地畜禽粪污为有机肥生产的主要原材料，利用槽式连续好氧堆肥发酵工艺，使畜禽粪污快速腐熟、干燥、灭菌、除臭，达到无害化、资源化和减量化处理的目的。夏季发酵周期7~8天，冬季15~20天。主要包括以下发酵阶段：①发热阶段，中温微生物发挥作用，发酵温度从20℃升高至30℃；②高温阶段，高温微生物发挥作用，堆体温度维持在55℃以上；③降温阶段，堆体温度降至40℃以下，中温微生物发挥作用；④腐熟保肥阶段，温度降至略高于气温，有机质矿化作用减弱，处于养分保持阶段。

公司有机肥生产过程中采用槽式堆肥发酵工艺，并且配备先进的抛翻机，可使堆肥发酵快速升温，并且大大缩短发酵周期。主要设备见图4至图9。

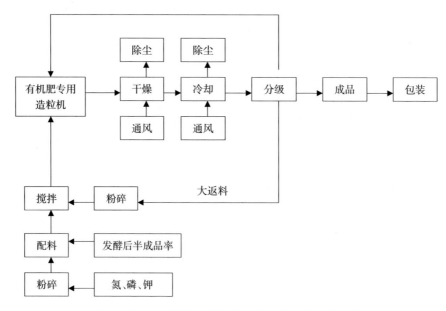

图3 畜禽粪污资源化利用集中处理有机肥生产流程

图4 圆盘造粒设备

图5 堆肥翻抛机

图 6　烘干系统　　　　　　　　　　图 7　过筛机

图 8　自动包装码垛机　　　　　　　图 9　环保设备

3. 利用模式　公司主要产品为颗粒型有机肥及粉状有机肥（图 10）。产品卫生指标应符合高温堆肥的卫生标准《粪便无害化卫生要求》（GB 7959—2012）、生产的有机肥符合国家标准《有机肥料》（NY 525—2012）。

图 10　主要有机肥产品

四、效益分析

1. 经济效益　总投资 2 322.93 万元。其中，土建工程投资费用 1 601.76 万元，占项目总投资的 68.95%；设备购置并安装费用 651.17 万元，占项目总投资的 28.03%；项目建设其他费用 70 万元，占项目总投资的 3%。

(1) 运行成本 达产后正常年份总成本费用为3 365.76万元。其中，固定成本1 485.26万元，可变成本1 880.49万元。

(2) 盈利能力分析 拟定计算期12年，其中建设期1年，生产期11年。项目建设期为1年，从第2年起，生产负荷达到100%。经计算，本项目达产年的盈利指标：年利润总额536.34万元；年所得税134.09万元；年净利润402.26万元；项目投资利润率23.09%；项目财务净现值（折现率8%）502.00万元（>0）；项目内部收益率（IRR）23.11%（>10%）；投资回收期（税后静态回收期）5.06年。

(3) 利润及利润分配 项目达产第2年产值4 500.00万元，利润总额536.34万元，交纳所得税134.09万元，税后利润402.26万元。由于折旧、摊销、税收、利息及财务费用等方面的影响，该项目每年实现的净利润不尽相同。对项目所取得的净利润，除提取10%的法定盈余公积金和5%的公益金外，剩余部分作为未分配利润。

2. 社会效益 养殖粪污加工生产有机肥，可提升养殖业集约化饲养水平，优化种植业结构，促进种植业规模化发展，有利于农牧业发展和农民增收，为加快农牧业产业结构调整、建设现代化农牧业打下了坚实的物质基础。有机肥加工作为一个关联性、带动性较强的产业，可促进种植业结构的调整，带动养殖、加工、机械制造等相关产业的发展。

该项目的建成将利用养殖粪污加工有机肥，改善生态环境；可吸收当地部分剩余劳动力就业，增加其经济收入，提高其生活水平，有利于社会和谐稳定。

项目所需畜禽粪便购自大通回族土族自治县83家养殖场和塔尔镇71户贫困户，按每吨600元计，可增加当地农户经济收入达186万元。以订单模式优先考虑贫困户，每年平均可收购贫困户粪便6吨，每吨按600元计算，可使贫困户每年增收3 600元。同时，可安排贫困户6人就业。该项目在达标生产后，每年可向社会提供5万吨有机肥。该有机肥的施用将带动大通回族土族自治县及周边农户农业增产和增收。按农户在使用该生物有机肥产品后增产10%～15%粗略估算，预计能实现每亩增收100元；还可带动当地绿色、无公害农作物的种植，改善农作物品质，促进地方农业产业整体升级，间接经济效益更大。此外，畜禽粪污集中化处理建成和投产后，可为当地提供就业岗位，对吸纳当地剩余劳动力起到重要的补充作用；能带动当地物流业发展，有利于增加当地农户收入和地方财政收入，为当地经济发展和社会稳定做出重要贡献。

3. 生态效益 对实现养殖粪污资源化、产业化、商品化，不仅可以缓解有机肥资源的短缺，提升土地营养水平，改善农作物的品质和提高产量，还可以实现清洁生产和农业资源的循环利用，推动大通回族土族自治县循环经济生态农业建设的健康发展。

青海恩泽农业技术有限公司

一、基本情况

1. 区域概况 湟源县位于青海省省会西宁市西部，海拔 2 470～4 898 千米，县城城关镇距西宁市 52 千米。总面积 1 509 千米^2。总人口为 135 004 人。居民以汉族为主，还有回族、藏族、蒙古族、土族等。该县地处青藏高原东端的日月山下，湟水河上游；是青海省东部农业区与西部牧业区的结合部，宁格铁路、109 国道、青新公路穿境而过，素有"海藏通衢""海藏咽喉"之称。

湟源县属温带大陆性季风气候，年平均气温 3.0℃，无霜期 27～71 天。光照时间长，太阳辐射强，气温日差大，春季多风，夏季凉爽，冬季干燥，冰雹、干旱频繁。最热的 7 月份平均气温为 13.9℃，最冷的 1 月份平均气温为 −10.5℃，全年平均积温不低于 0℃的为 2 062.6℃，不低于 5℃的为 1 878.1℃，不低于 10℃的为 1 182.1℃，年均气温为 3℃，气候冷凉。年平均降水量为 408.9 毫米，多集中在 7、8、9 三个月。

全县现有可利用草场 131.98 万亩，草场类型以高寒草甸类为主，对发展畜牧业具有得天独厚的资源和区位优势。截至 2019 年 10 月底，全县牛、羊、猪、鸡及马属动物存栏分别为 7.61 万头、26.28 万只、1.08 万头、11.28 万只及 0.09 万匹，出栏量分别为 3.67 万头、15.48 万只、0.52 万头、10.17 万只及 0.02 万匹；肉、蛋、奶、毛产量分别为 7 702.7 吨、1 230 吨、15 857 吨和 556.5 吨。近年来该县通过农业供给侧改革，不断优化养殖结构，逐年提升规模养殖比重。全县现有规模养殖场达 102 处，通过省级规模养殖场（小区）认定 85 家（奶牛规模养殖场 10 家、肉牛规模养殖场 28 个、猪场 7 家、肉羊养殖场 30 家、蛋鸡场 2 家、肉鸡场 8 家），其中国家级标准化养殖示范场 2 家。

全县年粪污总产量达到 63.8 万吨（固体粪污总量为 40.85 万吨、液体粪污总量为 22.95 万吨），综合利用率达到 85％以上。为全面落实畜禽养殖场废弃物资源化利用工作，进一步净化养殖环境，创造良好的周边环境，该县在发展生态绿色环保养殖、废弃物资源化利用方面做了大量工作，主要利用"尿液水分三级沉淀""堆积发酵""燃料利用"等三项清洁生产工艺，通过修建粪污堆积发酵场、化粪池、沼气池、扶持建设有机肥加工生产企业等多项措施，采取"种草养畜"的思路，采用统一集中回收加工有机肥循环发展模式及干清粪等粪污处理模式。目前，全县规模养殖场均配有与养殖量相匹配的标准化粪污堆积发酵场、粪污沉淀和尿液收集池，建成标准化粪污堆积发酵场 37 350 米^2，粪污沉淀和尿液收集池 2 490 米^3，29％的规模养殖场配套有机肥加工设备。建成青海恩泽农业有限公司、青海三江一力农业集团有限公司、青海金润禾丰农牧科技有限公司 3 家有机肥厂，年总生产能力 10.3 万吨（恩泽 8 万吨、三江一力 1.5 万吨、金润禾丰 0.8 万吨）。

2. 依托主体 项目建设单位青海恩泽农业技术有限公司成立于 2006 年，占地面积 150

亩，其中生产车间 16 000 米^2、仓库 20 000 米^2，注册资金 5 000 万元。公司现有员工 268 名，其中吸纳 53 名下岗职工就业，工程技术人员 40 名，现公司拥有资产 2.8 亿元。

公司生产的主要产品有生物有机肥、微生物菌剂、复合微生物肥料等专用肥。公司生产的"沃土绿丰"牌酵素生物有机肥被评为青海省名牌产品和青海省著名商标，被中国杨凌农业高新科技成果博览会组委会评为"高新科技成果后稷奖"。公司被省农牧厅确定为青海省配方肥定点生产企业；被青海省科技厅确定为"省科技型企业"；连续被西宁市农牧局授予"优秀农牧业产业化龙头企业""青海省产业化扶贫龙头企业""农牧业产业化省级重点龙头企业"，并成立了青海省西宁市湟源县有机肥营销协会；被湟源县委、县政府授予"农业、农村工作先进单位"；被青海省西宁市劳动关系和谐企业创建领导小组授予"西宁市劳动关系和谐企业"，属青海省供销社直属企业。

公司依托畜禽粪污综合利用建设项目本着"园区＋公司＋农户＋合作社"的发展模式，一、二、三产业融合与农户共同发展，充分利用牛羊废弃物生产有机肥，以公司为中心延伸产业链条，生产研发回收加工为一体，做好做大农牧业废弃物综合利用文章。发挥青海省扶贫龙头企业和农牧业产业化省级重点龙头企业的引领和带动作用，加快脱贫奔小康的步伐。

3. 处理规模 公司依托园区实施"高原现代农业生产资料加工产业融合示范项目暨年产 10 万吨有机肥系列产品项目"。该项目总投资为 33 098 万元，建筑总面积 64 500 米^2，包括设备购置及辅助设施建设等。截至 2019 年，已完成投资 2.2 亿元。该项目的实施使公司有机肥产量达到 10 万吨以上，复混肥、配方肥产量达到 5 万吨，农用地膜产量达到 2 万吨，残膜回收达到 2 万吨，实现销售收入 3.5 亿元。

二、运营机制

1. 运营模式 采取直销、代理商销售有机结合等策略，建立质量承诺制度，树立优质产品信誉，主要采取建立长期稳定的供货关系，做到均衡供应、批量供应，以稳定销售价格。

在销售网络建设上，根据其市场需求，建立自己的直销网络和代理营销机制，追求企业利益最大化。具体策略为：①实施名牌战略。保证产品质量，树立产品形象，打造名优品牌。②健全销售组织，大力调整销售策略和营销模式，为周边大的供货单位直接配送。③建立质量承诺制度，树立优质服务信誉，创出名优品牌。④加强协作，与有关类企业间建立横向协作关系。具体经营模式如下：

（1）常规销售 按照已有成熟的销售手段和销售渠道进行销售，包括洽谈销售、交易区摊点销售等。

（2）网络销售 利用农资部门已有的销售网络销售产品，把湟源县有机肥的品种、价格、产量等详细信息发布在农资部门等有效网站上，甚至实现网上订单销售。

（3）密切关注国际市场 密切注意和分析研究国际市场的产销变化规律和国内市场动态，产品面向国内、国际市场，实现销售市场的多元化。

（4）广告宣传 通过平面、户外、网络等媒体进行宣传。广告的覆盖面、广告内容、投入产出比率是控制的关键因素。

2. 盈利模式 本项目围绕农业生产资料加工，向上游的育种、肥料、饲料等环节前伸，向下游的有机肥、农膜及农膜制品销售等环节后延,构建集农产品生产、加工、销售等各环节为一体,从育肥—肥料—产品的纵向全产业链。有机肥价格为1 200元/吨。

经估算,项目达产第3年总成本费用为13 541.42万元,经测算项目利润总额2 057.03万元、所得税514.26万元、税后利润1 542.78万元、资本金净利润率70.92%、投资利税率41.14%,投资回收期3.01年(表1)。

表1 投资成本和运营成本

名称	单位	主要指标	名称	单位	主要指标
项目总投资	万元	5 000.19	投资财务内部收益率		
建设投资	万元	4 767.27	全投资所得税前	%	52.50
建设期利息	万元	0.00	全投资所得税后	%	39.95
流动资金	万元	232.92	投资财务净现值		
销售收入	万元	16 000.00	全投资所得税前	万元	12 662.56
销售税金及附加	万元	401.55	全投资所得税后	万元	9 114.78
总成本费用	万元	13 541.42	投资回收期(Pt)		
利润总额	万元	2 057.03	全投资所得税前	年	3.01
所得税	万元	514.26	全投资所得税后	年	2.56
税后利润	万元	1 542.78	投资利润率	%	30.85
利税总额	万元	2 458.58	投资利税率	%	41.14
财务盈利能力分析			盈亏平衡点	%	37.64

三、技术模式

1. **模式流程** 利用牛、羊粪和其他辅料,按照配方比例科学搭配,按工艺要求操作生产、包装入库,工艺流程见图1。

2. **收运模式** 畜禽粪污处理组建车队,自购10辆载重10吨运输车负责原料的转运工作。湟源县畜禽粪污建设项目原辅材料贮存区面积2 100米²,一次性可存放2万吨各类有机肥原料(牛、羊粪),根据原料类型及生产需要,将原辅材料储存到一定时间后转运到发酵车间。发酵车间有8个发酵池(图2),每个发酵池一次可以发酵1 000吨牛、羊粪,并对发酵车间及原料车间进行全密闭处理,安装空气抽滤洗涤系统,自动进行空气收集处理,以及除尘装置。

3. **处理技术** 项目采用国际先进的技术方案,采用的工艺和技术装备先进、实用,生产灵活性大。建成后,企业将充分发挥产品生产线及其设备的功能,不断开发新的产品,拓展销售渠道,从而拓宽企业长远发展的门路,增强项目的抗风险能力和生命力。

本项目有机肥的主要原料为养殖场、合作社及其他非合作社农牧民收集的牛、羊粪。项目通过将收集的牛、羊粪加上其他收购原料加工处理,形成有机肥。其加工生产技术如下:①将畜禽粪便进行发酵,畜禽粪便中的养分需要经过发酵分解后才易被农作物吸收。如果不发酵,臭味问题无法解决,而且施用之后发酵产生的高温会对农作物生长造成影响;②将发酵后的物料进行粉碎,使其达到造粒要求;③对需要添加的氮、磷、钾

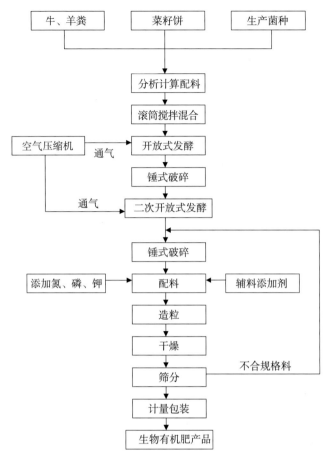

图 1 工艺流程

图 2 发酵池

等无机肥进行粉碎；④将粉碎后的有机肥和无机肥按照比例混合在一起，并搅拌均匀（图 3 至图 6）；⑤混合后的物料利用蒸汽转鼓造粒机进行造粒；⑥造粒后的肥料颗粒利用烘干机降低水分含量；⑦利用冷却机将烘干后的肥料颗粒温度迅速降下来；⑧利用滚筒筛分机将不合格的颗粒筛分出来；⑨合格的肥料颗粒利用包膜机进行包膜，防止长期存放运输造成的结块；⑩成品肥料利用包装机进行定量分袋包装（图7和图8）。

图3　配料系统

图4　搅拌罐

图5　定量给料机

图6　发酵罐

四、效益分析

1. 完善产业链条，促进上下游产业发展　公司采用"公司＋合作社（农户）＋市场"的产业化经营管理模式，以购销协议、订单的形式将企业与农户联结起来，利益共享，推进湟源县农业生产资料产业化发展，使湟源县成为西宁市重要的优质农业生产资料供应基地。项目的建设不仅可完善产业链条，还可促进湟源县可再生产业健康发展。

2. 有利于保护生态环境，实现农业可持续发展　本项目采用畜禽粪便及秸秆等制作生物

图 7　烘干机　　　　　　　　　　　　图 8　全自动打包机

图 9　除尘装置

有机肥。公司通过回收加工、工厂化生产、专业化培育，为农户、企业、合作社处理农业生产废料，提高了农业资源的利用效率，带动了湟源县设施农业、高效农业的长足发展，不仅能化害为利，变废为宝，而且在不增加环保投资的同时，既充分利用了资源，又保护了环境；通过废旧残膜的回收再利用，治理了"白色污染"，保护了农业生态环境，促进了废旧农膜、残膜的回收和再生利用，有效防治农业面源污染，实现农业和环境可持续发展。

　　3. 为所在地区居民提供大量的就业岗位，实现脱贫致富　公司采取利益反哺的方式，从农牧民中收购牛、羊粪便和废旧残膜，不仅消化了当地农牧业废弃资源，而且增加了农牧民收入。本项目劳动定员 210 人，直接为社会提供了大量的就业机会。同时，项目建成生产后，将引导和吸引更多的农民从事高效农业和牧业生产，间接创造大量劳动岗位，拓展农民增收渠道，带动当地农户脱贫致富。此外，企业原材料及产品运输、产品销售等环节还可为社会提供一定的就业机会。

宁夏丰享农业科技发展有限责任公司

一、基本情况

1. 区域概况　吴忠市利通区地处中国西北内陆，距宁夏回族自治区首府银川市59千米，辖区总面积1 384千米²，辖8镇、4乡、105个行政村、21个城镇社区，总人口41.04万人。2018年，全区农林牧渔业总产值达43.1亿元，同比增长3.7%；农林牧渔业增加值达22.4亿元，同比增长4.0%；农村居民人均可支配收入达14 905元，增长9%。农业农村经济继续保持良好的发展态势。

利通区濒临黄河，拥有独特的气候和水资源条件，全年无霜期170天，平均日照时数2 932小时，境内有秦渠、汉渠等输水干渠5条，清水沟等排水干沟3条，热量和灌溉条件在宁夏全境领先，素有"塞上江南""鱼米之乡"的美誉。利通区位于世界公认的奶牛适宜分布带，发展奶业具有得天独厚的优势，已经成为宁夏奶牛养殖最早和发展速度最快的地区，也是奶牛养殖的核心区。利通区区位条件突出，距离银川河东机场40千米，京藏、福银高速公路，109国道穿境而过，交通四通八达，是西北地区传统的物资集散地。

2. 依托主体　宁夏丰享农业科技有限责任公司成立于2018年，位于利通区五里坡奶牛养殖产业园二期，占地面积465.75亩，注册资金5 000万元。公司利用养殖园的便利条件，从五里坡周边收集牛粪、羊粪，主要从事有机肥、生物有机肥的研发、产业化生产、规模化生产。

此项目为农牧业废弃物资源化综合利用项目，充分利用农牧业生产废弃物，变废为宝，将养殖业、种植业等农业生产和经济发展、环境保护有机"链"在一起，解决了周边扶贫村的剩余劳动力问题，做到了精准扶贫，带动了农民发展绿色经济产业，社会、环境、经济效益显著，形成了独特的产业竞争优势，使生物有机肥被综合利用。同时在推进碳减排方面具有显著作用，可有效实行减少秸秆焚烧或粪便堆沤污染、减少化肥农药用量、增加粮食产量等多重碳减排效应。

一期项目公司计划投资6 500万元，现已投资2 300万元，二期项目公司计划投资6 300万元，新建年产10万吨生物有机秸秆饲料厂。规划建设期为两年，分两期完成，共计投资1.28亿元。公司目前取得农业农村部和宁夏回族自治区颁发的有机肥料、生物机肥、复合生物肥料证书6个，已做完田间试验有机水溶肥和生物肥的16个证书正在农业农村部审核办理中，取得"三A级投标企业信用诚信经营示范单位""重合同守信用单位""质量服务诚信单位"等荣誉。

3. 处理规模　公司先后与利通区农业推广中心、同心县农牧局和科学技术局及各大学院校合作，积极进行蔬菜水果实验基地肥料试验，先后取得有机肥肥料（粉剂、颗粒）登记证。该项目建成后利用作物秸秆禽畜粪污等农作业废弃物,采用新型无害化处理和生物处理技术,应用连续发酵处理工艺,年可处理作物秸秆 8 万吨、禽畜粪便 22 万吨,年处理牛尿液量 200 万米³,生产有机肥 30 万吨、液态肥 10 万吨,既可解决周边养殖园区养牛户的牛粪污染问题,又可变废为宝,生产绿色环保有机肥。

二、运营机制

1. 运营模式 该项目由宁夏丰享农业科技发展责任有限公司组建,生产管理部门负责项目日常的生产工作,专设投标项目组,在"中国政府采购网"和"宁夏回族自治区公共资源交易网"进行投标,先后在红寺堡、同心中标,并设立有机肥销售部门,负责产品有机肥的销售,对接农资经销商或大的农业合作社。2019 年签订有机肥合同 9 万吨,其中销往青海省 4 万吨,已交货 3 万吨;销往新疆维吾尔自治区 5 万吨,已交货 1 万吨。

原料羊粪来自盐池周边,腐殖酸来自内蒙古自治区,牛粪来自周边养殖户,公司与周边养殖户达成买卖协议,每收购 300 吨结算 1 次,公司组织车辆将牛粪运输至场内。

2. 盈利模式 项目通过生产后又进行改扩建,目前企业有机肥销售收入已达到 1 000 万元,正常年可实现净利润 260 万元。

三、技术模式

1. 模式流程 原料运到厂房称重后倒入发酵槽,经翻堆机翻抛陈化处理 1 个月,然后粉碎搅拌,过筛后检验,检验合格后分筛、称量、包装(图 1、图 2)。

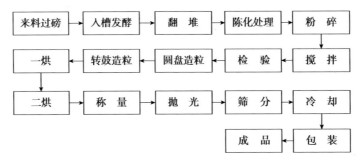

图 1　有机肥生产工艺流程示意图

无仓自动配料机

搅拌机

圆盘制粒机

热风机

一烘烘干机

自动双头包装机

图2　有机肥生产主要设备

2.收运模式　一方面由养殖户将牛、羊粪送到宁夏丰享农业科技发展有限责任公司的原料堆积场区，另一方面公司安排车辆到养殖户的粪场拉运。

四、效益分析

公司充分利用农牧业生产废弃物，变废为宝，将养殖业、种植业等农业生产和经济发展、环境保护有机"链"在一起，经济、社会效益显著。农业可持续发展必须建立完整、协调、循环、再生的生态体系，迫切需要现代工农业科技的应用与支持。将农作物秸秆饲料利用和畜禽粪便发酵资源化、产业化、商品化，不仅可以缓解我国生物质能源和化肥资源的短缺问题，提升地力，改善农作物的品质和提高产量，还可以实现清洁生产和农业资源的循环利用，推动生态农业建设的健康发展。项目达产后，年可转化农作物秸秆20万吨、畜禽粪便200万米^3。达产后，企业年产值可达到3亿元，实现利税4 000万元，解决劳动力150人，带动周边农民共同发展致富，为乡村振兴发展贡献一份力量。

宁夏瑞生源农牧科技发展有限公司

一、基本情况

1. 区域概况　泾源县大湾乡在宁夏六盘山东侧，南接六盘山镇，东接彭阳县新集乡古城镇，西接隆德县大庄村，北接固原市原州区开城镇；距离县城 41 千米，海拔 2 416 米；分为 13 个自然村，总人口 1.7 万人。全乡青贮玉米种植面积 8 000 亩左右，多年生禾本科牧草种植面积 2 万亩左右。大湾乡是国家农业科技园区固原肉牛产业示范区，"泾源黄牛"重要养殖区域之一，存栏肉牛 8 213 头、肉羊 7 013 只、猪 2 101 头、家禽 7 138 只，300～500 头肉牛规模养殖场 7 家。草畜产业占畜牧业产值（规模）的 80% 左右。

2. 依托主体　泾源县瑞生源农牧科技发展有限公司位于泾源县肉牛养殖示范区——大湾乡武坪村，成立于 2012 年，注册资本 500 万元，占地面积 60 亩。公司业务以肉牛养殖、农业废弃物资源化利用生产有机肥料、饲草料加工经营为主，年销售收入 1 100 万元以上。

企业现有管理人员 12 人，技术研发人员 5 人，聘请国家微生物肥料推广中心、西北农林科技大学专家为技术指导专家，生产的有机肥系列产品已通过宁夏回族自治区农业农村厅认证登记。公司 2014 年被固原市委员会评为"草畜产业先进集体"，2015 年被自治区科学技术协会评为"自治区级科普示范基地"，2015 年被自治区农牧厅评为"自治区级专业示范合作社"，2016 年被固原市人民政府评为"市级农业产业化龙头企业"，2018 年被泾源县县政府评为"优秀扶贫车间"、被市科学技术局评为"科技型企业"。为当地建档立卡户提供就业岗位 26 个，被自治区扶贫办授予"先进扶贫车间"。该项目模式已在泾源县各乡镇进行推广复制。

二、运营机制

1. 运营模式　项目将大湾乡 13 个村及半径 10 千米纳入辐射范围。通过政府购买服务，依托乡村环卫人员组成社会化服务队和专业技术人员对畜牧养殖废弃物进行有序回收，配备 15 米^3 专用废弃物压缩回收车辆 2 台、10 米^3 沼液回收专用车辆 1 台，定期、定时对周边养殖场和各村规模以下养殖产生的粪污及其他农业废弃物有偿回收，进行资源化再利用加工有机肥。具体操作流程由专业技术人员上门培训指导定期喷洒除臭菌剂和预处理，降低二次污染，政府给予企业每吨 50 元污染处理补贴。

2018 年利用县财政资金，企业在原有有机肥生产条件基础上新建一座 1 000 米^2 的有机肥加工"扶贫车间"，并采取市场化运作模式，由企业对建成的扶贫车间进行租赁经营，加工有机肥，每年向村集体支付 5 万元承包金，增加村集体收入，保证村集体长期受益，破解了村集体经济"空壳"难题。扶贫车间的运营，通过牛粪的收购、加工生产等程序，吸纳农村贫困群众就业人员，较好解决了农民进城就业难、企业招工难的"两难"问题。贫困户既实现了脱贫致富，又满足了顾家、就业、务农"三不误"。

二期计划于 2020 年 12 月底完成投资 700 万元，建成阳光节能大跨度连续发酵槽式车间 2 000 米^2，购置引进先进的发酵设备和高效环保的工艺技术，主要解决阴雨天多、气温偏低、原料发酵周期长等问题，提高生产效率。

该项目终期完成后，年预计可处理牛粪和其他农业废弃物 5 万吨左右，年生产有机肥料 2 万吨左右，年产值 1 500 万元左右。牛粪回收可覆盖周边 3 个乡镇规模养殖场和散养大户，能有效解决畜牧养殖的环境污染问题，使资源有效利用，变废为宝。

2. 盈利模式 畜禽粪污、农林秸秆、树枝等固体废弃物料，回收发酵处理生产有机肥料，沼液回收利用生产液态肥，销售收入可达 1 500 万元，年可获利 300 万元左右。企业利用饲草料储备条件开展"以草换草、以粪换草、以粪换肥、草肥换工"多种灵活经营模式，方便群众，降低了企业运营成本。

三、技术模式

1. 模式流程 见图 1。

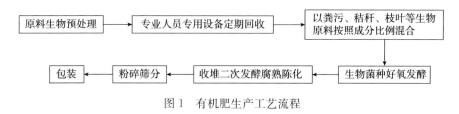

图 1 有机肥生产工艺流程

2. 收运模式 依托乡村环卫人员组成社会化服务队，对畜牧养殖废弃物进行有序回收，配备粪污专用回收车辆（图 2），定期定时对周边养殖场和各村养殖产生的粪污及其他农业废弃物进行有偿回收。回收价根据路程和含水率而定，每立方米价格 40～70 元。

图 2 收运车辆

3. 处理技术 采用槽式堆肥（图 3）发酵技术。建成阳光节能大跨度连续发酵槽式车间，利用阳光辅助升温，移位式翻抛发酵技术大大降低了投入、提高了生产效率、缩短了发酵时间。

图 3 槽式堆肥设施

4. 利用模式 集中收集规模养殖场产生的牛粪等，生产的产品主要是粉状和颗粒状有机肥。有机肥外销用于设施蔬菜和经济作物种植。粉状有机肥每吨成本 550 元，销售价格每吨 680 元；颗粒有机肥每吨成本 700 元，销售价格每吨 900 元。

四、效益分析

1. 经济效益 根据确定的产品方案和建设规模及预测的产品价格，达到预期产能年均销售收入 1 500 万元，收益率为 20%，投资回收期 4.5 年。养殖粪污有偿回收利用，每头肉牛增收 150～200 元。养殖户均按照养殖 5 头牛计算，可增收 700 元左右。

2. 社会效益 畜禽粪污集中处理厂将区域内的养殖废弃物进行收集和处理，实现资源化生态利用，解决了养殖企业环境污染、无害化处理投入成本高等问题。

公司对建成的扶贫车间进行租赁使用。每年向村集体支付 5 万元承包金，增加村集体收入，保证村集体长期受益，破解了村集体经济"空壳"难题。就地吸纳带动贫困群众就业 36 人，其中建档立卡劳动力就业 27 人，占用工人数的 81%，较好解决了农民进城就业难、企业招工难的"两难"问题。贫困劳动力每月在家门口就有 1 500 元以上的收入，增加了工资性收入，实现脱贫致富，满足了贫困户顾家、就业、务农"三不误"。

3. 生态效益 该项目探索出了美丽乡村建设与养殖固体废弃物处理模式；可减少废弃物污染，同时有利于发展循环经济；可增加有机肥料 20 000 吨，减少泾源县化肥使用量 20%。对于建设资源节约型、环境友好型社会，促进区域循环经济的可持续发展也具有积极作用。

新疆呼图壁种牛场

一、基本情况

1. 区域概况 新疆呼图壁种牛场始建于 1955 年，是新疆维吾尔自治区畜牧兽医局直属企业，是国内生产水平较高、设施先进、知名度较高的现代化奶牛示范养殖企业和新疆最大的乳制品生产供应基地。2018 年全场完成工农业总产值 13 亿元，实现利润 1.1 亿元，职工人均收入 6 万元。

全场占地 36 万余亩，现有耕地 15 万多亩，常住人口 10 000 多人，有 1 600 多名干部和员工，饲养优质高产奶牛 25 000 余头，是国内最早进行"种养结合"的典范牧场。

推动绿色发展，减少污染排放，是党的十九大提出建设美丽中国的基本要求。发展养牛业，牛粪污染影响生态环境一直是一大难题，呼图壁种牛场走出了一条绿色、有机、无污染生态循环养牛业之路。新疆呼图壁种牛场与中国广核集团有限公司合作投资 1.1 亿元建成生物质天然气站。该项目将牛粪变废为宝，生物燃气站日处理牛粪量可以达到 2 133 吨，产生沼气 46 000 米^3，提纯后可以产生车用燃气 30 000 米^3。呼图壁种牛场废弃物综合处理利用率达到 90% 以上，实现沼渣、沼液还田利用，替代 2 000 余吨尿素使用量，从而有效净化环境，提高产品质量，增进人体健康，改良土壤结构，提高地力，增加作物产量，取得了良好的经济效益和生态效益，形成了绿色、有机、无污染生态畜牧业的循环产业链。

呼图壁种牛场多年建立的种、养、加一体化的全产业链模式，使"西域春"乳品质量完全可以与欧盟的奶源标准媲美，能充分展示新疆有机绿色乳品的品质和自信，"西域春"乳品深受新疆各族人民的青睐，正在逐步向内地和中亚市场延伸。

2. 依托主体 项目依托单位为中广核节能产业发展有限公司，是中国广核集团有限公司的全资子公司，主要从事天然气综合利用、区域能源规划、区域低碳能源整体解决方案提供与实施、合同能源管理、分布式能源、城市基础设施投资—建设—运营等节能环保业务，在资金、品牌、全局性政府关系、资源整合、节能环保技术等方面拥有雄厚的实力，致力于成为国内顶尖的节能环保企业。

粪污处理服务单位是呼图壁种牛场，为新疆维吾尔自治区畜牧兽医局直属的正处级单位（企业性质），全场有 10 个农业生产队，耕种 12 万亩耕地；已建成投运 7 个奶牛牧场，高产奶牛、肉牛饲养量为 25 000 头；有西域春乳业公司、西域春饲料公司等 4 个工业企业，形成了以种植业为基础、奶牛养殖为中心、乳品加工为主业及龙头的全产业链的国家级重点种畜场；同时还是全国百家良种企业、全国养牛示范场、全国畜牧行业优秀企业、全国现代畜牧业示范场、新疆维吾尔自治区农业产业化龙头企业。

项目总投资 3 000 万元，其中中央投资 1 000 万元、新疆维吾尔自治区配套 500 万元、企业自筹资金 1 500 万元。

3. 处理规模　日处理牛粪污 1 133 吨（TS 9.7%），鲜玉米黄贮 15 吨/天（TS 80%）。日生产沼气量约 36 626 米^3（甲烷含量按 60% 估算），沼气经提纯后可生产生物质天然气约 23 133 米^3/天（甲烷含量按 95% 估算），年产生物质天然气约为 810 万米^3（按每年运行 350 天估算）。年减排温室气体约 14.4 万吨 CO_2 当量。

二、运营机制

1. 运营模式　呼图壁种牛场以农牧业和乳品加工业为主，奶牛养殖是农业种植的转化器，上连种植业，下连加工业，种植业的产出为畜牧业提供饲料和饲草；中国广核集团用养殖业的粪便等加工成的有机肥可养地，发展有机农业，制作的沼气可作为能源，沼液可肥田，两家企业形成典型的循环经济模式。

2. 盈利模式　本项目的收入主要来源于生物质燃气、沼液及沼渣产品的销售。

(1) 生物质燃气　据燃气市场现状分析推测，呼图壁县及其附近城市的燃气需求大于燃气供给。该项目利用呼图壁种牛场的牛粪污发酵生产沼气，然后提纯为制车用燃气，销售至呼图壁县及昌吉市区的加气站，项目每天可生产 23 133 米^3 生物天然气，缓解呼图壁县及昌吉市区的车用燃气缺口。其次，生物天然气厂内的粪污收集车也可使用生物天然气作为燃料，节省燃油成本，同时响应节能减排政策要求。根据调研数据，目前呼图壁县及周边的车用燃气价格相仿，为 4.07 元/米^3，昌吉区域运载 CNG 到站价格约为 3 元/米^3，政府提留 0.3 元/米^3，加气站约有 0.77 元/米^3 的毛利。该项目生物天然气售价按 2.8 元/米^3 的出厂价估算。

(2) 沼液及沼渣产品　分析新疆维吾尔自治区有机肥市场情况可知，种植业和畜牧业的快速发展为该地区的有机肥供应提供了广大的市场。目前，新疆维吾尔自治区有机肥供应缺口较大，该项目日产沼液 973 吨，日产沼渣 129 吨。沼渣拟用作有机肥出售，用于呼图壁县及周边地区的粮食、棉花、水果的种植，不仅可以缓解呼图壁县区及附近种植区的有机肥紧缺状况，提高农产品品质，还可以为企业创造销售收益。

三、技术模式

1. 模式流程　见图 1。

2. 收运模式　呼图壁种牛场共有 7 个牧场，最长运输距离为 16 千米，生物天然气厂选址在牧五场南侧荒地，其余六场的粪尿通过车辆运输至生物天然气厂。

考虑到牧场的防疫要求，每个牧场配备专用运粪车，其中牧三场、牧四场及牧五场 3 个牧场各配备 1 辆 12 吨位的运粪车，以及 1 辆 4 吨位的运粪车。其余 4 个牧场各配备 1 辆 12 吨位运粪车。根据每个牧场的实际粪污量及收集运输距离进行规划，每天收集运输时间 8 小时，每车装卸车时间约 25 分钟，运输过程中的速度 30 千米/时，粪污收集运输规划见表 1。

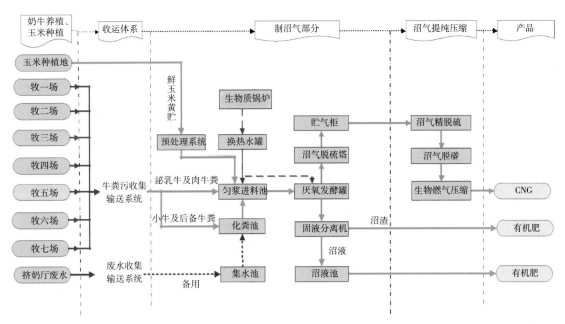

图 1　粪污处理模式

表 1　原料收集运输规划

牧场情况	每天粪污量 (吨/天)	运输距离 (千米)	运输一趟的时间 (分钟)	每天运输趟数 (趟/天)	每趟运输粪污量 (吨)
牧一场	167.62	5	35	14	12.0
牧二场	108.46	16	57	9	12.1
牧三场	128.18	15	55	9	14.2
牧四场	157.76	10	45	11	14.3
牧五场	275.4	1	27	18	15.3
牧六场	147.9	5	35	14	10.6
牧七场	147.9	5	35	14	10.6

3. 利用模式　该项目粪污处理的产品主要有生物质燃气、沼液及沼渣产品等，利用模式如下。

(1) 生物质燃气产品　项目利用呼图壁种牛场的牛粪污发酵生产沼气，每天可生产23 133米³ 生物天然气，用于满足呼图壁县及昌吉市区的车用燃气需求和公司内部的粪污收集车辆使用。

(2) 沼液产品　沼液中含有氮、磷、钾等营养元素，铜、锌、铁、锰、钼等微量元素，以及多种生物活性物质，可用沼液作肥料进行叶面喷施。沼液可为作物补充营养、调节和促进作物生长代谢、抑制或减少病虫害的发生。长期用沼液对果树的根部施肥，可使果树长势茂盛，叶色浓绿，幼果脱落得较少，结出的果实味道纯正，产量比施化肥或普通有机肥高。

1）常见农作物沼液施肥　①水稻：沼液作为追肥或叶面喷施效果最好。在对照的基础上增施沼液，作为底肥，每公顷约施沼液30 000千克；作为追肥，每公顷约施沼液37 500千克；作为叶面施肥，每公顷施沼液约1 050～1 500千克。②小麦：在小麦的营养生长期和升值生长期施用沼液都能增产，在分蘖期浇施增产效果最好。在对照的基础上增施沼液，作为底肥，每公顷施沼液30 000～37 500千克；作为追肥，每公顷约施沼液30 000～60 000千克；

作为叶面施肥，每公顷施沼液约1 125千克。③玉米：以开沟增施沼液效果较好，玉米生长健壮，双棒率高，穗大，籽粒饱满。在对照的基础上增施沼液，开沟直接施肥时，每公顷约施沼液75 000千克；作为追肥，每公顷施沼液22 500～45 000千克。④油菜：在对照的基础上增施沼液，作为底肥，每公顷约施沼液15 000千克；作为追肥，1 000千克沼液可折算12.5千克尿素；作为叶面施肥，选择在油菜花初花期和晴天，沼液用纱布过滤后，按照1：1兑清水后再喷施，每公顷约施750千克。⑤棉花：在铃期间隔10天左右喷施2次，每次每公顷沼液喷施量约为750千克。

2）沼液防治病虫害　沼气发酵原料经过沼气池的厌氧发酵，不仅含有极其丰富的多种营养元素和微生物代谢产物，而且含有提高植物抗逆性的激素、抗生素等。因此，沼液不仅可以用来防治植物病虫害，还可以提高植物抗逆性。用沼液防治不同的病害，能使生产出的农产品无农药残留，在生产过程中不会污染周边环境。其用量以及配合的药剂也有所不同，需区别对待。沼液具有催芽和刺激生长的作用。用沼液浸种可以提高种子发芽率，促进种子生理代谢，使幼苗"胎里壮"，抗病、抗虫、抗逆能力强，为高产奠定了基础。

(3) 沼渣产品　沼渣也通常被用作肥料、配制营养土或制作培养料。

1）沼渣用作肥料　沼渣含有较全面的养分和丰富的有机物质。其中有一部分被转化为腐殖质，所以它是一种缓、速兼备又具有改良土壤功效的优质肥料。

2）沼渣配制营养土　蔬菜、花卉和特种作物的育苗用土，对营养条件要求很高，自然土壤往往难以满足要求，而沼渣营养全面，完全满足配制营养土的条件要求。

3）沼渣制作培养料　沼渣营养丰富，与食用菌栽培料的养分含量相近，且杂菌少，十分适合食用菌的生长。利用沼渣栽培食用菌具有取材广泛、技术简单、成本低、品质好、产量高等优点。

目前粪污处理覆盖呼图壁种牛场7个牧场，沼液沼渣送往呼图壁种牛场小海子地区4个农业队，沼气销往呼图壁县加气站。

四、效益分析

项目建成后，形成了环境、能源、企业经济的三重效益。此项目首先是一个能源环保项目，处理奶牛场粪污可大大缓解当地的环保压力，改善环境状况，促进人们的生产生活质量；其次还是一个未来企业经济的新增长点。项目所产生的大量生物质天然气用作车用燃料，可减少呼图壁地区发展对汽油等化石能源的依赖，减少温室气体排放。沼液及沼渣可缓解或消除化肥对土壤的污染，发展有机农业。

本项目达产后，年产沼气1 282万米^3，相当于约972万升汽油。生物天然气用于车用燃气，燃气出厂价按2.8元/米^{3}计算，则达产年每年生物天然气销售可获得约2 267万元的经济效益，对提高企业经济效益有重大贡献。

能源化集中处理
典型案例

□□□□□□□□　□□□□

华北地区

河北京安生物能源科技股份有限公司

一、基本情况

1. 区域概况 安平县总面积 505 千米², 人口 33 万人, 耕地面积 47 万亩。安平县是一个农业大县, 生猪养殖大县, 2018 年出栏生猪 82 万头, 先后被命名为国家瘦肉型猪标准化示范园区、全国瘦肉型猪生产基地、全国生猪调出大县、国家生猪活体储备基地和全国首批畜牧业绿色发展示范县, 年产秸秆总量 15 万吨、畜禽粪污 102 万吨。安平县有 74 家达到省级规模养殖标准的畜禽养殖场, 其中, 61 家建有畜禽粪污处理贮存利用设施, 设施配建率达 82.4%。畜禽粪便主要采用堆沤发酵、生产有机肥、沼气利用等模式进行处理, 畜禽粪污资源化综合利用率 63.4%。

2. 依托主体 河北京安生物能源科技股份有限公司 (图 1), 位于河北省衡水市, 是从事农牧业废弃物资源化利用的专业化企业, 于 2013 年 5 月注册成立, 资产 2.4 亿元, 员工 236 名, 于 2017 年 8 月 8 日成功在新三板挂牌上市。主要从事沼气发电、生物天然气、生物有机肥、生物质发电、生物质供热, 沼气工程设计、施工、投资、运营、技术咨询等业务, 是河北省沼气循环生态农业工程技术中心发起单位、河北省高新技术企业、国家农业废弃物循环利用创新联盟常务理事单位、国家畜禽养殖废弃物资源化利用科技创新联盟副理事长单位。公司站在环境保护和农业可持续发展的高度上, 不断探索农业废弃物资源化利用模式, 走出了一条现代农业的绿色发展之路。

图 1　河北京安生物能源科技股份有限公司

（1）沼气发电项目　公司于2013年投资9 633万元，建设2兆瓦沼气发电项目（图2）。该项目配套建设5 000米³CSTR中温全混厌氧发酵系统4套，进口德国1兆瓦沼气发电机组2套，是河北省第一家利用畜禽粪污并网发电的沼气发电厂。年发电1 512千瓦·时，全部并入国家电网，年处理畜禽粪污30万吨，解决了年存栏10万头猪场粪污资源化利用问题。年可减少CO_2排放10.8万吨；沼气发电剩余沼液沼渣作为基质，可制备多种配方有机肥料，根据不同季节、不同植物、不同生长期进行肥料调整，形成多样性、多元化、多用途的功能肥料。2016年，投资2 000万元建设的养农有机肥厂（图3）投产运行，年产生物有机肥固肥5万吨、液体肥20万吨。

图2　沼气发电厂

图3　养农有机肥厂

（2）提纯生物天然气项目　京安公司承担的"安平县利用世行贷款建设农村沼气资源开发利用项目"投资2.2亿元，于2017年10月开工建设，现已投产运行。该项目建设厌氧发酵罐6座，共30 000米³，通过利用畜禽粪污和秸秆进行混合厌氧发酵，生产沼气提纯成生物天然气，可实现秸秆和畜禽粪污综合治理利用。该项目配套建设青贮池50 000米³，年可消纳玉米秸秆7万吨，可处理畜禽粪污10万吨，年可生产沼气1 152万米³，提纯生物天然气6 360 000米³，铺设中低压输气管网182千米，可供周边8 595户居民取暖和炊用，即可覆盖供气范围内所有工商业用户。

3. 处理能力

（1）畜禽粪污处理能力2兆瓦沼气发电项目　主要处理自身养殖场产生的畜禽粪污，粪便通过管道输送到沼气发电厂，进行厌氧发酵产沼气，年处理粪污30万吨；沼气提纯生物天然气项目，作为安平县粪污集中处理中心，年处理粪污55万吨。

（2）农作物秸秆处理能力　沼气提纯生物天然气项目，年处理农作物秸秆7万吨。

（3）覆盖范围　通过本项目的实施，安平县域内基本上实现农作物秸秆全量化利用，畜禽养殖废弃物资源化利用整县推进。

二、运营机制

1. 运营模式

（1）创新模式　京安股份公司以先进的农牧业废弃物资源化利用技术为依托，通过沼气发电项目、沼渣及沼液生产生物有机肥项目、生物天然气项目及生物质热电联产项目，对京安养殖场及安平县域内畜禽粪污、废弃秸秆等农牧业废弃物进行综合治理，全量化利用，整县推进，同时发展发酵制沼、沼气发电，生物质直燃发电，城市集中供热，产生绿色电能、余热回收利用，沼渣、沼液及草木灰生产有机肥等产业。沼液通过水肥一体化、喷灌、滴灌等农田水利工程施用于农业种植，公司在安平县内及周边建设 98 座液肥加液站（图 4），覆盖 11.2 万亩作物；沼渣肥通过大户使用、协议利用机制实现还田；高端沼液肥通过定制开发，实现定向销售。

图 4　液肥加液站

（2）政府支持体系　当地政府给予粪污收集中心一定的收储运补贴。①通过农业园区建设打通粪污资源化利用通道。②环保倒逼生物天然气入户机制。结合政府"蓝天行动"，京安股份公司在安平镇、两洼乡两个乡镇实施"煤改气"项目，并通过补贴农户初装费及壁挂炉、灶具购置费，促进天然气入户。

（3）利益联结机制　通过承担安平县畜禽粪污资源化利用试点项目，开创粪污以质定价的先河，粪污集中处理中心采用粪污分级定价收集模式，粪污浓度（即含固率 TS），干清粪需要保证在 20% 以上，水泡粪保证为 3%～8%。粪污浓度大于 8%，公司按 10～50 元/吨收购；粪污浓度小于 3%，养殖场支付 20 元/吨的处理费；粪污浓度 3%～8%，免费收集。最后交由公司粪污处理中心处理。

2. 盈利模式　项目产生的沼气供户价格 2.0 元/米³，每立方米沼气可发电 2.1 千瓦·时，上网电价 0.75 元/（千瓦·时），生物天然气 3.1 元/米³，有机肥销售价格固体有机肥 700～1 500 元/吨，液体有机肥 1 200～3 500 元/吨，生沼液 50 元/吨，熟沼液 130 元/吨，碳减排交易收益 500 万元/年。项目可每年实现销售收入约 4 500 万元。

三、技术模式

1. 模式流程　该模式以京安养殖场及安平县域内畜禽粪污、废弃秸秆等农牧业废弃物为原料，通过厌氧发酵制沼气、沼气发电，产生绿色电能，余热回收利用，沼渣、沼液生产有机肥，沼气提纯生物天然气，生物天然气供应农村清洁能源（图 5），形成了完整"气、电、热、肥"及"种、养、肉、能、肥"生态循环京安模式（图6）。

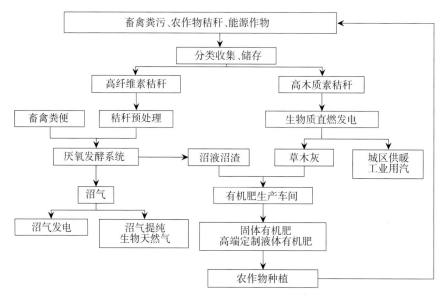

图5 工艺流程

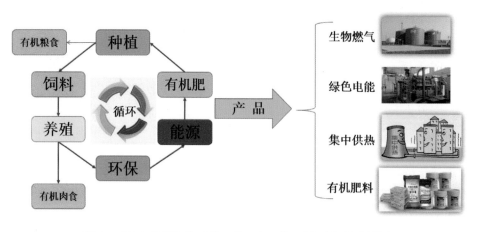

图6 "气电热肥"及"种、养、肉、能、肥"循环发展模式

2. 收运模式 采用粪污分级定价收集模式对畜禽粪污进行收储（图7），探索建立"公司＋合作社"秸秆机械化收集体系。

（1）粪污收储运模式 以沼气站周边养殖场收集的猪场粪便作为主要的发酵原料。干清粪含固率在20%以上，水泡粪含固率为3%～8%。粪污浓度（TS含量）大于8%，按10～50元/吨收购；粪污浓度小于3%，养殖场支付20元/吨的处理费；粪污浓度3%～8%，免费收集。由专业的合作社收集、运输，最终由京安股份承担的粪污集中处理中心处理。安平县县政府每年补贴收储运体系100万元。

（2）秸秆收储运模式 在安平县域内，以收集青贮秸秆来保证足够的产气量，大力发展经纪人和秸秆收储队伍（图8）参与到秸秆收储运体系中，青贮秸秆43.75吨/天（干物质含量约32%）运送到京安公司秸秆青贮料场（图9）。带动5 000户农民参与秸秆收集、加

图 7　粪污收储运

工、储存、运输。最终达到农户、收运人、运输队伍、农村经纪人、社会化服务组织、农牧业处理公司共赢的目的。

图 8　秸秆收储运体系

图 9　秸秆青贮料场

3. 处理技术　厌氧发酵罐产出的沼气是含饱和水蒸气的混合气体，除含有 CH_4 和 CO_2 外，还含有 H_2S 和悬浮的颗粒状杂质。H_2S 不仅有毒，而且有很强的腐蚀性。因此，新生成的沼气不宜直接作燃料，还需进行气水分离、脱硫等净化处理，其中沼气的脱硫是其主要问题。

本工程采用厌氧发酵（图 10）生物脱硫方式（图 11）脱除沼气内 H_2S。生物脱硫是指在一定条件下，通过微生物或其分泌的酶代谢催化将含硫化合物转化为单质硫或亚硫酸的过程。该方法成本及运行费用低，操作简单，处理效率高，脱硫前沼气内 H_2S 含量约为 4 600$\mu L/L$，脱硫后设计指标为 80$\mu L/L$，实际正常运行脱硫后含量为 0～20$\mu L/L$。净化后沼气通过德国进口 1 兆瓦发电机组 2 套进行发电上网，发电效率为 42.1%，热效率为 43.8%，总效率为

85.9%。发电余热经过锅炉烟气换热器换热，以热水的形式回收，通过管道泵和厌氧罐外增温管网对发酵系统进行增温，保证厌氧消化温度恒定。

图 10　厌氧发酵罐　　　　　　　　　　　　　　图 11　生物脱硫塔

4. 利用模式　京安股份公司是河北省高新技术企业，现已初步形成了两种可复制可推广的技术路线。①畜禽养殖废弃物资源化利用。在全国大力推行粪污制沼的环境下，京安股份积极与第一沼气国际有限公司、中国农业科学院、河北科技大学等科研院所合作开展科研攻关，研发总结低浓度有机废水高效厌氧发酵制取沼气以及其他涉及生产、维护、肥料制作的专利技术十余项，解决了沼气生产波动大的难题，实现了全天候持续稳定产气，成为河北省率先利用畜禽粪污发电并网的沼气发电企业。②提纯生物天然气项目。通过畜禽粪污和青贮秸秆混合发酵产生沼气，提纯生物天然气，实现了沼气发电、沼气入户、沼渣及沼液生产有机肥等的多元化利用。

四、效益分析

1. 经济效益　年发电量为 1 511.2 万千瓦·时，上网电价为 0.75 元/（千瓦·时）（含税），预计年收益 1 133.4 万元；沼渣年产 19 641 吨，价格为 550 元/吨，预计年收益 1 080.26万元；沼液年产 21 万吨，价格为 10 元/吨，预计年收益 210 万元。在计算期内项目每年收入额为 2 423.66 万元。

提纯后得到的生物燃气，供户燃气价格为 3.5 元/米^3，供压缩天然气（CNG）加气站燃气价格为 4.5 元/米^3。固态有机肥和液态有机肥产量售价均为 630 元/吨。正常生产年营业收入为 5 019万元。

2. 社会效益　该循环模式经过多年实践探索与总结，"三沼"综合利用率高，种养结合，有较强的可操作性、可复制性。适用范围较广，养殖业或种植业发达地区、畜禽粪污及农林废弃物相对集中的地区都可以实施。

该项目的实施，提高了农牧业废弃物处理量，基本制止了秸秆燃烧，减少了秸秆燃烧对大气的污染，环境保护作用显著。天然气和有机肥的有效利用，使企业盈利的同时还增加了农民的就业机会。

3. 生态效益　京安模式的实施，可以变废为宝，使项目区的环境得到明显改善。本项目对保护当地水源、改善农业生产环境和局部生活环境具有显著作用，通过将畜禽粪污和秸秆等农林废弃物转变为绿色电能、生物天然气，将沼渣、沼液等副产品制作成为生物有机肥供应有机农业，处理畜禽粪污约85万吨/年，消纳秸秆约7万吨/年，减少二氧化碳排放约10.8万吨/年（已经CCER认证备案），减少COD排放8.48万吨/年，减少氨氮排放0.53万吨/年，节约标准煤约5 000吨/年。

华东地区

江苏申牛牧业有限公司

一、基本情况

1. 区域概况 江苏申牛牧业有限公司（以下简称"申牛牧业"）位于江苏省盐城市大丰区海丰农场境内。该地区处亚热带与暖温带的过渡地带，四季分明，气温适中，雨量充沛，年平均气温14.1℃，无霜期213天，常年降水量1 042.2毫米，日照2 238.9小时。历年最大风速为21.3米/秒，风向为西北偏北风。据统计，历年来冬季冻土深度最大值31厘米（1963年1月28日），近二十年来最大冻土深度为14厘米（1999年12月23日）。申牛牧业西侧为临海公路，北侧为一般农田，南侧为道路，隔路为大李河，东侧为一般农田，周边无环境敏感目标。

申牛牧业成立于2015年9月，隶属于光明乳业股份有限公司。目前在海丰农场内建设有两个生态奶业项目，分别为海丰奶牛场生态奶业项目（以下简称"海丰奶牛场"）和申丰奶牛场生态奶业项目（以下简称"申丰奶牛场"）。

海丰奶牛场总投资3.5亿人民币，占地1 435.4亩，建筑面积17万米²，目前海丰奶牛场奶牛总存栏数近12 000头，在职员工251人，大专以上学历55人。申丰奶牛场总投资6亿元人民币，占地面积1 702亩，建筑面积22.8万米²，目前总存栏数13 000头，在职员工240人，大专以上学历60人。2018年申牛牧业销售鲜奶15万吨，后备牛3 500头。

申牛牧业周边配套沼液生态还田土地3.8万亩，土地隶属于大丰鼎盛农业有限公司及上海海丰现代农业有限公司大丰分公司，这两家公司是光明旗下子公司，与申牛牧业是兄弟单位。土地种植的主要产品，冬季以小麦、大麦、燕麦为主，夏季种植水稻、玉米。

2. 依托主体 江苏苏港清能生物能源有限公司（下简称"苏港清能"）隶属于上海电气集团。申牛牧业所有粪污全部由苏港清能处理。苏港清能公司以完全处理申牛牧业海丰、申丰二场实际生产中产生的奶牛粪便为处理目标，以奶牛粪便通过厌氧发酵达到《粪便无害化卫生标准》为技术目标。2009年，在上海市国资委协调下公司与光明组成战略合作伙伴，总投资10 000万元。苏港清能属于独立公司，独立运行、自负盈亏。公司采用热电肥联产模式和高浓度全混合（CSTR）中温厌氧工艺。项目所生产的沼气全部用来发电，所发电力全部并入电网销售；利用发电机组余热为厌氧反应器供热；厌氧发酵后的发酵液经过固液分离，沼渣回用生产制成牛床垫料，沼液用于奶牛场周围饲料地和果园的有机肥料；在非用肥季节，沼液进入氧化塘好氧暂存，施肥季节施肥。

为更好地贯彻落实"新环保法""水十条"等生态环保精神和光明食品集团环境整治行动计划，建立安全、长效的现代农业生态循环发展模式，提高资源利用效率，切实推进生态农场建设，以《畜禽粪便无害化卫生标准》《畜禽粪便还田技术规范》《农田灌溉水质标准》

为指导方向，切实做好沼液生态还田技术要领，公司在种养循环基础上投入了大量设施设备（表1）。

表1　设施设备清单

序号	设备名称	型号	设备数量
1	厌氧发酵罐	28 000 米^3	1 套
2	发电机组	1 兆瓦/GE320	1 台
3	发电机组	1 兆瓦/POWERLINK 1000	1 台
4	厌氧发酵池	70 000 米^3	1 套
5	粪污输送泵	55 千瓦	4 台
6	粪污输送泵	30 千瓦	2 台
7	粪污输送管道	315 管道	15 千瓦
8	喷灌设备	400—75	4 台
9	沼渣烘干设备		1 套

3. **处理规模**　苏港清能是农业农村部特大型沼气工程项目，以奶牛粪便为发酵原料，常年存栏奶牛量25 000头，日最大废水排放量3 800米^3/天，废水中TS含量约为2.7%，项目规模为日产沼气30 000米^3，要求沼气纯化后产生生物天然气约18 000米^3/天。根据一期工程沼气发电已上国家电网的实际情况和业主意愿，按沼气发电设计，同时考虑了沼气纯化接口。沼气发电可获得余热207 000兆焦，基本能满足 20 000 米^{3}中温发酵罐在冬天加温和保温的热量需求。沼液经固液分离后，每天可生产沼渣约 380 吨、沼液约2 800吨。沼渣干燥后作为牛床垫料回到养殖区，分离后的沼液进入 7 万米^3 的 Lagoon 池进行二次发酵。该项目流程包括原料收集池、原料自然沉淀池、原料调配池、3 个中温发酵罐、1 个常温发酵罐、固液分离、沼气脱硫及净化、沼气贮存等。

该项目的设计要点是利用自然沉淀将 TS 含量约为2.7%的粪水分为 TS 为 1.5%左右的上清液及 TS 为 6%左右的底部液。高浓度粪水进中温发酵罐，上清液进常温发酵罐，中温发酵罐处理的沼液经固液分离后液体进 Lagoon 池（冬季对 Lagoon 池有增温效果），常温发酵罐直接进 Lagoon 池。总体积为 9.8 万米^3 的厌氧发酵池，对申牛牧业每天新产生的粪污完全能够达到无害化处理要求。

二、运营机制

1. **运行模式**　该工程设计方案由成都德通环境工程有限公司和德国 BEB 柏林生物质能有限公司设计，参与方案设计的还有瑞典 INDUTEC 公司，承担发酵罐中心搅拌装置的专项设计制造；德国 Seepex 公司，承担进出料系统的专项设计制造；德国 Farmatic 公司，承担热交换系统的专项设计制造；德国 ADFIS 公司，承担脱硫系统的专项设计。该项目采用热电肥联产模式和高浓度全混合（CSTR）中温厌氧工艺。同时申牛牧业运用国际上先进的牧场设备和先进的管理技术，采用荷兰进口的JOZ机械刮粪板和墨西哥马德罗公司冲粪系统清粪，保证牛舍24小时的清洁干净。场区实施"雨污分流""干湿分离"。牛粪尿、牛舍冲洗废水、设备清洗废水以及员工生活废水等通过专门密闭管道输送到苏港清能公司沼气发酵系统处理。经厌氧发酵处理达到规定的无害化标准后用于农田灌溉，同步配套建设还田输灌设施及管道（图1）和田间蓄水设施，确保沼液不排入周围水体。

2. 盈利模式 沼气发电项目是申牛牧业与苏港清能公司签订的战略合作项目，由苏港清能生物能源有限公司全资10 000万元建设该沼气发电项目，自负盈亏。苏港清能通过沼气发电、沼渣回用、沼气纯化等进行盈利。盈利分析：

①项目投资10 000万元，其中政府对新能源项目进行补助。

②每年发电量12 410 000千瓦·时，电网电价0.63元/（千瓦·时），年销售收入781.83万元。

③沼渣垫料年生产量43 800吨，按110元/吨的利润，年沼渣收益481.8万元。

④有机肥外销年生产量约3.8万吨，按100元/吨的收益，年有机肥收益380万元。

图1 还田输灌设施及管道

三、技术模式

1. 模式流程 见图2。

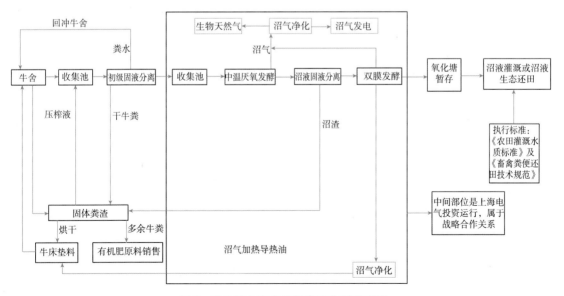

图2 申牛牧业畜禽粪便资源化利用流程

2. 收运模式 江苏申牛牧业有限公司的粪水全部是通过地下管道输送至苏港清能公司。海丰的粪水直接通过 0.2 千米管道（型号：315CMUPVC 管道）输送至苏港清能收集池，申丰的粪水经过固液分离后通过 3.5 千米管道（型号：315CMUPVC 管道）输送至苏港清能收集池（与海丰是共用的收集池，储存量 1 000 米³）。粪水由苏港清能收集池输送至沉淀池（2 个 1 000 米³ 的沉淀池）进行自然沉淀，沉淀池内上清液进 4 号清液罐（常温发酵，罐容量 7 000 米³），下部浓浆液进 1~3 号中温发酵罐（中温发酵，每个罐容量 7 000 米³）。4 号清液罐进 Lagoon 池，1~3 号中温发酵罐经固液分离后进 Lagoon 池。

收费模式：该项目全部是通过地下管道进行粪污输送，在各自区域内各自负责产生的费用。

3. 处理技术 通过管道输送的畜禽粪污经过苏港清能的大型沼气工程厌氧发酵，杀灭寄生虫卵和各种有害病原，进行无害化处理，生成清洁能源沼气。大型沼气工程包括 2.8 万米³ 厌氧发酵罐、7 万米³ Lagoon 池和 2 000 米³ 贮气柜，以及沼气净化利用、沼气发电、沼气烘干等配套设施（图 3 至图 7）。采用热电肥联产模式和高浓度全混合（CSTR）中温厌氧工艺。在发酵罐顶部或侧面设置机械搅拌装置，使高浓度的发酵原料在罐内与原来的料液充分混合，有利于提高发酵装置的处理效率。

图 3　沼气贮存装置

图 4　厌氧发酵系统

图 5　脱硫系统

图 6　自然沉淀池

图 7　发电系统

4. 利用模式

(1) 沼气利用　厌氧发酵产生的沼气储存在贮气柜内，专门配置了 2 台 1 兆千瓦发电机组和发电机余热回收系统。目前每天产生沼气约 3.6 万米³，沼气一部分用于发电机组发电，一部分用于沼渣烘干制成牛床垫料，一部分用于沼气提纯（图 8）。

图 8　沼气利用

（2）沼液沼渣利用 由于粪污的浓度相对较高，沼渣进行固液分离，产生的沼渣烘干回用于牛床做牛床垫料，产生的沼液贮存在沼液储存塘，氧化塘铺设防渗膜，避免流入河道形成二次污染。在种水稻和小麦前，约在4月底和10月底作为基肥施用，不进行稀释，利用鼎盛农业排灌设施每亩20～30吨，施用范围20 000亩；在7月初至9月对水稻进行追肥，需要以1∶40的比例将原液稀释追肥，每亩用量8～10吨；在2月初对小麦或大麦进行追肥，每亩用量10～12吨（图9）。

图9　沼液还田

四、效益分析

1. 经济效益

（1）苏港清能每天产沼气3.6万米³。其中2万米³沼气每天发电40 000千瓦·时，每千瓦·时电上网售价包括补贴0.63元［上网电价0.42元/（千瓦·时）、补贴0.21元/（千瓦·时）］，发电机组每年运行330天，销售收入830万元，其利润预估350万（沼气发电成本分析：每产生1米³沼气成本0.15元，发电机组每发1千瓦·时电成本0.12元，每千瓦·时电运行成本0.12元。）。另外，0.4万米³沼气每天用于沼渣烘干制成牛床垫料，平均每天120吨，按利润110元/吨计算，每年效益481.8万元。最后1.2万米³沼气可使用移动式发电机组发电供应牧场及苏港清能自身使用。

沼液还田配套的基础设施、设备全部由申牛牧业投入，而且在沼液还田期间因沼液过量还田所造成的农作物损失由申牛牧业承担。沼液增加了土地肥力，使种植业化肥使用量减少15%～20%，对农作物生长有促进作用，可起到降本增效功能。因此，养殖业承担还田全部投入及风险，种植业不承担任何风险而且还能降本增效。

沼渣大部分烘干回用于牛床垫料，其余部分销售给有资质的有机肥厂制成有机肥，对干牛粪已经做到全量利用。

（2）申牛牧业 在粪污资源化利用上的首要要求是雨污分离，节能减排，减少沼液排放量、沼渣还田量。前期的固定资产投入合计16 000万元（包含第三方的投资）。每年在环保防治设备（噪声控制、废气减量排放）、粪污处理设施设备的投入占比较大，预算金额1 000万元左右。

申牛牧业在沼液生态还田上每年直接成本约8元/米³，企业秉承谁生产谁负责的理念，在奶牛场养殖粪污资源化利用上充当排头兵，为种植业发挥引导作用。对沼气发电项目及农业带来的效益近2 000万元，其中包含沼气发电、沼气烘干牛粪垫料、种植业化肥节约、土地改良及农作物增收等利润。

将粪污转化为清洁能源，为牧场自身节约成本（沼渣烘干回用于牛床垫料）。对粪污进行完全无害化处理，达到环保还田技术要求，真正做到种养结合，对种植业起到降本增效作用，对畜禽粪便资源化利用起到促进作用。

2. **生态效益**　环境污染物的减排、沼液沼渣的循环利用，是对生态环境最好的贡献。我们牢记习主席"绿水青山就是金山银山"的指导思想，为建设生态文明、美丽中国尽一份微薄之力。

江西正合生态农业有限公司

一、基本情况

1. 区域概况　新余市是江西省下辖的一个地级市，位于江西省中部偏西，现辖分宜县、渝水区、仙女湖风景名胜区、新余经济开发区和仰天岗管委会，总面积3 178千米²，人口114万人。

新余市渝水区地势南北高，中间低平，由外围逐渐向中部倾斜。袁河横贯其间，境内属低山丘陵，亚热带湿润性气候，四季分明，气候温和，阳光充足，雨量充沛，无霜期长，寒冬较短，年平均气温17.8℃，年降水量1 550毫米。自然条件优越，物产丰富。土地肥沃，森林覆盖率近50%。适宜多种农作物生长，主要盛产水稻、棉花、油茶、花生、芝麻、柑橘、茶叶等。境内拥有丰富的矿产资源、水资源和生物资源。矿藏资源主要有煤、铁、金、铜、锰、钨、石灰石、硅灰石、大理石、石英石、瓷土等30多种，其中铁矿、硅灰石、大理石的储量占有一定的地位，硅灰石储量列全国第二。

渝水区在发展经济的过程中，注重加强基础设施建设。交通、邮电、供电、供水、供气等基础和生活服务设施日臻完善。境内电力充足，乡乡通油路，村村通水泥路，程控电话、光缆传输网覆盖城乡各地。浙赣铁路横贯东西，上新、清萍、吉新3条省级公路纵横贯穿，东邻京九铁路，南与105、北与320国道相接，沪瑞、赣粤两条高速公路穿境而过，交通、通讯十分便捷，为渝水进一步大开放、大发展提供了有力保障。

渝水区是生猪调出大县，2018年渝水区（含高新区）存栏生猪34.09万头、牛4.14万头、家禽179.94万只。渝水区加大招商引资力度，成功或意向性引进网易、双胞胎、正邦、七星等大型企业集团到渝水区投资建设大型高标准养殖场（小区）。

新余市渝水区现辖6镇、5乡、6个街道办事处，面积1 173.8千米²，农业人口33.9万人，耕地面积55.55万亩，其中水田37.62万亩、旱地17.85万亩。

全区粮食播种总面积78.15万亩，全年水稻总产量32.3万吨，承包50亩以上种粮大户456户；其中，鹄山乡的雨禾农业投资有限公司流转土地面积6 600余亩。全区新余蜜橘种植面积10万亩，其中挂果面积6.7万亩，2018年总产量13.8万吨。新余蜜橘已成为农业支柱产业。全区蔬菜播种面积16.95万亩（含农户自产自销面积），比上年同期增长3.0%；蔬菜年总产量29.8万吨，比上年同期增长4.0%；蔬菜总产值达54 000万元，比上年同期增长9.25%。现有中药材面积11 600亩、共16户，成规模、有代表性的公司有润草堂、鑫隆、元宝、新农祥、农兴联等公司。

2. 依托主体　在发展生态循环农业中，新余市渝水区坚持"清洁生产、生态设计、循环利用"的发展理念，2013年引进江西正合生态农业有限公司（简称"正合公司"）开始探索和实践畜禽粪污第三方集中处理的新模式。

正合公司位于新余市渝水区罗坊镇院前村，是江西正合环保集团下属子公司，主要从事农村能源、农业环保、科技创新、有机肥生产、农业开发，负责运营新余正合生态园（包括罗坊沼气供气站、南英沼气发电站和生态农业示范园等），并统领公司在各地区的绿色生态循环农业园区建设，作为各地园区建设的模板和示范，其下属二级子公司有赣州锐源生物科技有限公司、崇仁县福正源生态农业有限公司等。

正合公司于2014年、2017年分别建成罗坊沼气供气站（图1）、南英沼气发电站（图2）。正合公司投资5 341万元建设罗坊供气站，2014年年底新余罗坊沼气站正式通气，建设发酵容积7 150米³的大型沼气工程，建设病死猪无害化处理车间1座，有机肥生产车间1座，向罗坊镇集镇6 000余户居民供沼气燃气。

图1　罗坊沼气供气站

图2　南英沼气发电站

2016年，正合公司投资8 584万元在渝水区南英垦殖场建设沼气发电项目，2017年12月，建成发酵容积达20 000米³的沼气工程，建成有机肥生产车间1座，建设发电并网规模3兆瓦的发电站1座，年可处理农业废弃物40万吨，年可向国家电网输送电力2 000万千瓦·时，利用沼渣生产有机肥3万吨/年，生产沼液肥38万吨/年。

3. 处理规模　正合公司建设了农业废弃物无害化处理中心和有机肥生产中心，形成第三方企业畜禽粪污资源化利用核心平台，创立了整县推进养殖废弃物第三方集中全量化处理模式（"N2N"模式）。"N2N"模式的运行解决了县域范围内年出栏60万头生猪粪污的处理问题；解决了每年10万头病死猪集中无害化处理问题；年可处理粪污（TS≥6%）40万吨，年可发电2000万千瓦·时；年产固态有机肥3万吨，年产沼液肥38万吨；可服务生态种植面积10万亩，每年减少化肥使用量1万吨。

目前，与正合公司合作进行第三方集中处理粪污的周边猪场有142家（其中，有77家大户猪场，有5家合作社的65个猪场），常年存栏猪20余万头。以沼气站为中心，运送猪场粪污的范围半径已达30千米，包括渝水区罗坊镇、姚圩、南安、水北、新溪、珠珊和高新区水西、马洪等乡镇。正合公司定期到各猪场去收集粪污和病死猪，运回沼气站进行处理，2018年日处理猪场粪污约483.12吨，高峰期日处理600～1000吨。

二、运营机制

1. 运营模式 整县推进养殖废弃物第三方集中全量化处理模式（"N2N"模式，图3）是以县域为范围，坚持"政府引导，企业主导，市场运作"原则，整县推进，以农业废弃物处理中心及有机肥中心，全量化收集处理上游"N"家养殖企业产生的粪污及病死猪，连动下游"N"家种植园区，构建区域绿色生态循环农业园区。

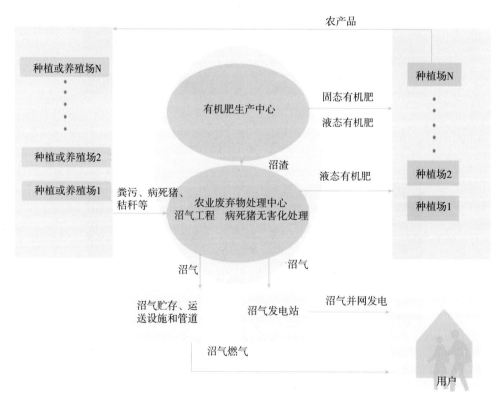

图3 "N2N"模式示意图

注：第一个"N"指上游N个种植或养殖场（numerous farms）；"2"指2个中心，即农业废弃物处理中心和有机肥生产中心；后面的"N"指下游N个种植场。

（1）"N2N"模式运行流程 ①正合公司从已签订合同的养殖场全量化收集粪污、病死猪及种植户秸秆等农业有机废弃物进沼气站；②进站的废弃物经过"处理中心"沼气工程和病死畜禽无害化处理，产生"三沼"，及生产氨基酸原液；③沼气可经输送管道设施供给居民用气；④沼气经沼气发电机组发电并网；⑤沼渣进入"有机肥生产中心"生产固态有机肥；⑥沼肥可用于喷施农田、橘园、牧草基地等，定向供给已签订合同的种植户。

正合公司建设农业废弃物无害化处理中心和有机肥生产中心，形成第三方企业畜禽粪污资源化利用核心平台，并与上下游养殖、种植业互动，构建生态循环农业。

（2）"N2N"模式运行机制 ①当地政府积极推动养殖场进行生态化改造，改善生态环境条件，实现粪污源头减量化（粪污 TS≥6％），达到畜禽粪污第三方集中处理的基本要求。参加粪污第三方集中处理的养殖企业可以减少环保设施投入，降低环保处理成本，还可解决污染的后顾之忧，得到了实惠，提升了竞争力。

②当地养殖场自愿与第三方处理企业签订收集处理粪污的合同，明确粪污处理责任和收费事项，按谁受益谁付费原则，养殖企业付给第三方企业 10 元/吨的处理费用。

③建设粪污收贮运体系，合理布局运输区域和线路，降低成本，提高效率。

④第三方处理企业专心专业做环保工程，通过专业运营农业废弃物处理中心和有机肥生产中心，实现资源转化利用，通过供气、发电、生产有机肥、沼液肥、建设科技产品中试基地、建设生态示范园区，实现多种渠道收益，保障企业经济效益。

⑤当地政府和社会化服务组织积极引导种植户进行沼液肥综合利用，建设田间贮存沼液设施和喷灌设施，第三方企业与种植户签订合同定向供给沼液肥。

第三方处理企业和当地养殖企业、种植企业和农户建立良好的产业上下游互动合作关系，并与社会化服务组织如养猪协会、养猪专业合作社、运输合作社、沼液肥施用合作社等紧密合作，形成政府、企业与农户之间联系的桥梁和纽带，提供猪场生态化改造、运输、技术等服务，共同打造生态产业链，共享生态经济带来的成果，打造区域绿色生态循环农业。

2. 盈利模式 第三方处理企业主要收入来源有实施第三方集中处理粪污的养殖企业付给第三方企业 10 元/吨的处理费用，供应沼气燃气，并网发电，生产供应有机肥，以及向种植企业和农户供应沼液肥并提供技术服务。

三、技术模式

1. 模式流程 建设一个以智慧农业为基础，集养殖、种植加工、商贸物流、科研为一体的综合服务平台，以充分完善的四个体系——政策保障体系、农业废弃物储运体系、有机肥田间消纳体系、农业信息体系保障"N2N"模式（图 4）运行；以农业废弃物处理中心和有机肥生产中心，带动五大产业——生态养殖、生态种植、能源环保、农产品加工、生态休闲农业生态化发展。

2. 收运模式 合理布局运输区域和线路，降低成本，提高效率。由于采取第三方集中全量化处理模式，第三方集中处理企业要从猪场收集废弃物运回处理中心。粪污运输方式主要采用吸污车，病死猪采用带有密封式车厢的车辆，在整个运输过程保证不产生二次污染。在运输管理上，可以采取公司自有车队运输、运输合作社提供车辆运输及农户个人承包运输三种形式。

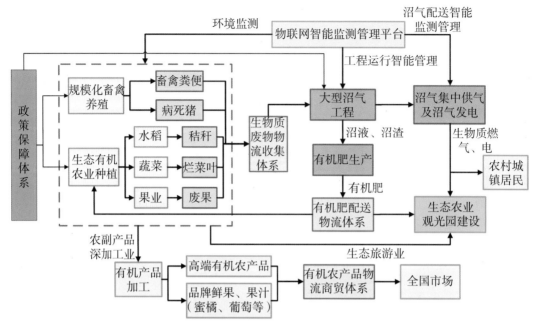

图4 "N2N"模式流程

图5 正合公司到签订合同的猪场收集粪污

粪污收集需要组建运输车队,购置专用罐车用于粪污运输,车辆装定位监测系统,按规定线路行驶,严防滴漏;车队给每辆运输车分配运送线路,提高运输效率;为加强猪场防疫,粪污收集池应建在猪场外围并配有消毒设施(图5)。

3. 处理技术

(1)养殖场生态化改造 养殖场生态化改造后需要有粪污收集池和雨污分流设施;猪场采用高床养殖,设有漏缝地板机械刮粪工艺;减少用水,提升粪污浓度,粪污浓度 TS ≥ 6%;饲养过程中,使用安全的投入品,不含危害物质。需配备粪污收集池及搅拌泵、雨水分流及高床设施。养殖场生态化改造后可实现粪污源头减量化，利于贮运和沼气生产（图6）。

猪场俯视图　　　　　　　　　　　　　养猪栏漏缝板下的机械清粪设施

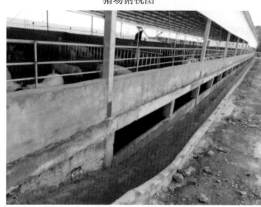

雨污分流沟　　　　　　　　　　　　　　粪污收集池

图 6　生态化改造的猪场

（2）**收储运体系和装备**　围绕农业废弃物资源化处理中心，建设农村有机废弃物收储运体系，收集可用于厌氧发酵的生物质废物，主要包括规模化畜禽养殖场产生的畜禽粪便及病死猪，种植产生的水稻、秸秆等。根据原料特征配备专用的原料收集储运车，合理建设厌氧发酵原料贮存转运场，确保大型沼气站厌氧发酵原料的稳定供应，配备收集粪污、病死猪等农业废弃物运输车辆。

（3）**沼气工程工艺技术和标准**　沼气生产采用的主要技术：①高浓度全混合式沼气发酵工艺（即 CSTR）技术；②秸秆水解酸化技术——纤维素水解技术；③沼气净化技术，生物脱硫和化学脱硫；④落地式储气膜相关技术。

配备设施设备：原料预处理及进料系统；CSTR 厌氧发酵罐；配套的出料系统；配套的固液分离系统；化学精脱硫、生物脱硫系统；沼气储存、净化、利用系统。执行《大中型沼气技术规范》（GB/T 51063—2014）。

正合公司南英沼气发电站主要建设有大型沼气发酵工程系统、病死猪无公害处理中心、沼发电机组及配套设施、有机肥生产中心等（图 7）。

（4）**固态有机肥生产技术和标准**　配备的设施设备：有机肥发酵堆肥场和有机肥生产

图 7　正合公司南英沼气发电站俯视图

线。执行的相关标准有：《有机肥料》（NY 525—2012），《生物有机肥》（NY 884—2012），《复合微生物肥料》（NY/T 798—2015），《含氨基酸水溶肥料》（NY 1429—2010），《农用微生物菌剂》（GB 20287—2006）等。

（5）沼气发电技术和标准　配备的设施和设备：成套沼气预处理设备和发电设备。采用国内外成熟的热电联产发电机组。发电机组要求具有机械强度高、高效、耐久、性能可靠及热效率、热利用率高等特点，达到并网发电的要求。

（6）沼气供气系统　因地制宜，就近建设输送管道，定向向居民供气。引进天然气相关公司的技术，使沼气管网能够安全、稳定运行。

（7）沼液肥施用技术　一方面，第三方集中处理企业建设生态农业示范田，探索和实践沼肥施用方法，带动种植户应用沼肥。另一方面，种植户根据种植面积、种植品种和施用需求，选择在田间建设一定规模的沼液贮存池和喷灌设施。

正合公司以技术创新为支撑，建设有机肥田间消纳体系。公司积极示范推广有机肥施用，推动田间贮存池和喷灌设施建设，推动有机肥替代化肥，开展农田土壤环境修复。

正合公司从 2015 年起在新余罗坊开展"千亩绿色水稻种植示范园"示范，研究沼液肥用于水稻生产的施用效果，推广沼液肥施用（图 8）。

图 8　千亩绿色水稻种植示范园

正合公司2019年开展能源作物种植，积累沼液肥用于能源作物的经验和数据，拓展沼肥多元化利用。已在新余罗坊种植皇竹草等能源作物1 033亩，年可收获作物1万吨以上。皇竹草既可作饲料，也可用于沼气发酵生产。

正合公司打造良好的技术创新和运营平台，保障高效运营沼气生产、沼气发电、有机肥生产和沼液肥科学施用，专业的人做专业的事，以科技创新为引擎，高质量发展。

正合公司组建了新余市沼气利用工程技术研究中心，有混合发酵沼气工程系统、卧式发酵沼气工程系统、小球藻培育等中试基地，致力于培养专业人才、创新研发（图9、图10）。

图9　正合公司实验室

图10　卧式发酵沼气工程系统中试基地

正合公司与江西省山江湖开发治理委员会办公室、江西省农业科学院农业应用微生物研究所合作，建设卧式发酵沼气工程系统中试基地，开展高浓度高效厌氧发酵技术研究、养殖污水和厌氧发酵沼渣的无害化和资源化处理研究（图11）。

正合公司与江西省山江湖开发治理委员会办公室、江西省农业科学院合作，建设混合发酵沼气工程系统中试基地，实施科技部中奥合作项目"农村有机废弃物资源化利用技术合作研究"。

小球藻培育中试基地运用光生物反应堆技术，用沼液培育小球藻，生产优质、高产、高

图 11　混合发酵沼气工程系统中试基地

图 12　小球藻培育中试基地

生物活性的小球藻生猪饲料，并采用自动化、数字化控制，使小球藻生产具备工业化生产条件，解决自然条件下难以规模化养成小球藻的问题（图 12）。

沼气用于做饭

沼气用于发电

沼渣用于生产有机肥

沼液用于灌溉

图13 正合公司"三沼"利用

4. 利用模式 正合公司"三沼"利用见图13。罗坊沼气供气站自2014年以来向罗坊镇8 000余户居民稳定供应沼气燃气,目前已达到年产1万吨固态有机肥生产规模。

四、效益分析

1. 经济效益 畜禽粪污资源化利用是一项环保公益性事业,但通过科学管理也可以产生较好的经济效益。通过畜禽粪污第三方集中全量化处理,生猪养殖企业仅需要按照生态化改造标准执行,无需投资建设污水处理设施。有机肥施用可确保农作物稳产高产,提高农产品品质及经济效益。

正合公司在新余市渝水区投资建设的罗坊沼气供气站和南英沼气发电站目前可实现年产值3 450余万元,其中,可实现供气收入150余万元、病死猪处理补贴收入300余万元、沼气发电收入1 000万元、有机肥收入2 000万元;年可实现利润600余万元。

2. 社会效益 正合公司"N2N"模式推动了区域内猪场生态化改造,改善了生产条件和环境,降低了猪场环保投入,解决了猪场后顾之忧。第三方企业收集处理粪污,专业化水平高,粪污处理设施先进,处理效率高,资源转化利用率高,并且可充分发挥规模效益,具有传统的单一猪场建设沼气工程无可比拟的优势;第三方处理企业可充分发挥专长,建立科研平台,积累实践经验,推动行业技术进步;"N2N"模式的运行在区域内形成了生态产业链,可推动养殖业、种植业生态化发展,有机肥替代化肥,沼液肥高质利用,农田土壤环境修复和农业技术推广,打造绿色生态循环农业。

正合公司将"N2N"模式在赣州市定南县进行推广,项目已于2018年3月建成投产,日产沼气20 000米³用于发电,可年并网发电1 800万千瓦·时,年处理农业有机废弃物40万吨,利用沼渣生产有机肥3万吨/年(图14)。项目还以赣州市定南县废弃稀土尾矿废弃地进行复垦覆绿,打造国内首个国家级能源农场示范基地,通过能源农场的建设,创建尾矿区域生态修复治理的模式。

正合"N2N"模式不仅可创造就业机会,增加农民收入,促进乡村振兴;同时,还可带动农业产业生态化发展。罗坊沼气供气站和南英沼气发电站的运行给周边养殖场带来了更好的生产条件,已经带动多家大型企业向罗坊集聚,主要投资建设大型农业休闲观光旅游、大型养殖小区和肉产品加工项目等。畜禽养殖废弃物资源化利用给社会经济发展注入了新活力，将持续引发一系列生态文明建设的"蝴蝶效应"。

图14　定南县岭北沼气发电项目

3. 生态效益　正合"N2N"模式的实施促进了生态产业化发展，形成了生态产业链。正合公司形成了"养殖废弃物处理—产生沼气供燃气和发电—产生沼渣沼液供有机肥生产—有机肥施用于绿色农产品基地"环节的无缝连接，延伸了沼气产业链，实现了养殖废弃物的无害化处理与资源化利用。有机肥生产中心按照绿色农产品基地的需要，生产相应的各类固态颗粒肥和液态喷施肥，可以有效地解决农业生产过程中农药化肥过量、不当使用所造成的环境污染问题，提高农产品质量。正合公司在罗坊实施的千亩试验田科研和试验表明，利用沼液肥和光、生物灭虫技术等，使传统农药化肥使用量减少2/3以上，粮食产量提高20％以上。正合公司罗坊沼气站运行4年，已使当地畜禽养殖、农业生产和居民生活累计减少碳排放约3万多吨，产生了明显的环境效益和社会效益。

山西资环科技股份有限公司

一、基本情况

1. 区位概况　洪洞县位于山西省南部，临汾盆地北端，总面积 1 563 千米^2，总人口 77.2 万，是山西省第一人口大县。洪洞县属温带大陆性季风气候，夏季高温多雨，冬季寒冷干燥。

洪洞县境内拥有规模养殖场 120 余个，近年来该县重点发展蛋鸡、肉鸡、肉牛、肉羊等养殖项目，年产畜禽粪污总量达 74 万吨。目前全县肉牛年出栏量 3 625 头；奶牛存栏量 910 头；肉羊年出栏量 8.6 万只；蛋鸡存栏量 90 万只；肉鸡出栏量 25 万只；生猪年出栏量 14 万头。畜禽粪污集中处理中心位于洪洞县城东南 3 千米洪崖壁下的秦壁村，北邻涧河，西靠霍侯一级公路，处于山西省大运经济发展轴线之中，属典型的城郊经济地带，地理位置优越，交通十分便利。秦壁村先后被授予"中国蔬菜特色村""全国绿色小康村""全国十大特色产业村""农业调产先进村""文明村""优质农产品基地"等多项荣誉，区位优势明显。

2. 依托主体　晋丰绿能畜禽粪污集中处理中心由山西资环科技股份有限公司投资建设，项目总投资 2 154 万元。山西资环科技股份有限公司是一家专注于农业废弃物资源化综合利用全产业链服务的高新技术企业，已先后完成国内数十个大型规模化沼气工程及畜禽粪污资源化利用总承包项目，获得了良好的市场口碑。

公司拥有专业的研发设计团队和丰富的专家资源，并与北京农林科学院生物技术研究中心、山西农业科学院现代农业研究中心、北京科技大学及太原理工大学等科研院所构建了产、学、研、用合作体系，签署了战略合作协议，为公司进一步发展粪污资源化利用技术创新及有机农业科学种植技术提供了强有力的全方位技术支持。

图 1　集中处理中心实景与效果图

3. 处理规模　粪污集中处理中心（图 1）项目由山西资环科技股份有限公司全额投资新建，建有 136 米^2 预处理间 1 座、2 500 米^3 一体化厌氧发酵罐 2 座、1 800 米^2 有机肥生产车间 1 座、10 米^3/小时沼液深度处理系统 1 套、生物脱硫系统 1 套、沼气发电并网系统 1 套等。项目总投资 2 154 万元，其中，土建工程费用 596 万元、设备购置费 935 万元、安装工程费用 258 万元、工程建设其他费用 365 万元。

项目可集中处理粪污 300 吨/天，辐射周边 10～15 千米的畜禽粪污。

二、运营机制

1. 运营模式　根据洪洞县地域、养殖种类及养殖量分布、种植种类分布等特点，畜禽粪污集中处理中心周边 10～15 千米范围内实行"分散收集、集中处理、统一处置"的运营模式，以周边畜禽粪污为原料，以沼气工程为纽带，以能源化、肥料化综合利用为方向，构建出一条适应当地实际的种养结合农牧循环产业链条。

粪污集中处理中心同周边养殖企业签订长期稳定的购销合同，环保部门将购销合同作为养殖场环保型粪污处理方式予以认可。中心采取向养牛、养鸡企业付费购买牛粪和鸡粪原料，向养猪企业收取猪粪粪污处理费用的收付费方式，由周边养殖企业自主配套粪污运输车辆自行送至处理中心集中处理，保证粪污原料收集充分，实现原料收集与处理能力平衡。

集中处理中心向周边大型设施大棚种植企业和农户大力宣传和推广有机肥优点和使用方法，采用免费试用有机肥和提供有机种植技术指导，原料粪污可对等置换有机肥等措施，提高原料供应企业或农户积极性的同时，保证沼渣、沼液的及时和有效消纳。项目运营主要以猪场粪污处理费用、沼气发电并网收入、沼渣制备营养土出售收入、沼液出售滴灌应用于周边设施农业等作为主要收入来源，确保整个项目的可持续盈利。

2. 盈利模式

（1）项目支出成本　主要由原料收购费用、设备损耗维修费用、设备易损件采购费用、有机肥生产辅料购置费用、人力成本及水电成本等构成，年支出成本 242 万元。具体包括：①设备设施损耗维修费用，每年支出 40 万元。②粪污收集运输费用，每年支出 108 万元。③沼渣制作营养土辅料采购成本，每年支出 56 万元。④中心配置 5 名工作人员，年工资福利社保费用支出 38 万元。

（2）项目盈利收益　主要来自沼气发电并网收入、沼气直燃供日光温室收入、沼肥销售收入、猪粪粪污处理收取费用等，年收入 487.8 万元。具体盈利方式为：①发电并网收入：部分沼气发电后并网销售，目前装机容量 240 千瓦，年发电收益 97 万元。②沼气直燃供日光温室收入：沼气直供日光温室大棚，增温补碳，年收益 31 万元。③沼肥销售收入：主要以沼渣复配营养土和沼液水肥一体化滴灌方式获取收益，年收益 336.8 万元。④粪污处理收取费用：每年收取猪场粪污处理费用 23 万元。

三、技术模式

1. 模式流程　技术流程见图 2、图 3。

2. 收运模式　建立"收运处"一体化管理模式，对收运的时间、数量和质量进行统筹管理。周边 15 千米内的养牛企业、养鸡企业自行配备密闭粪污运输车，定时定点收集粪污

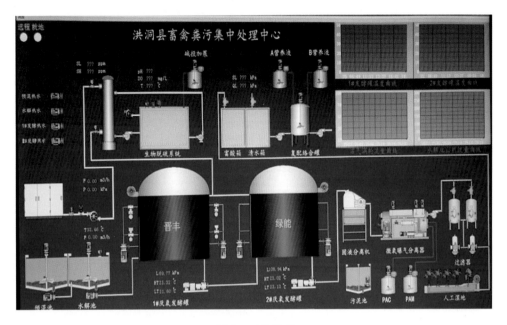

图2　工艺流程

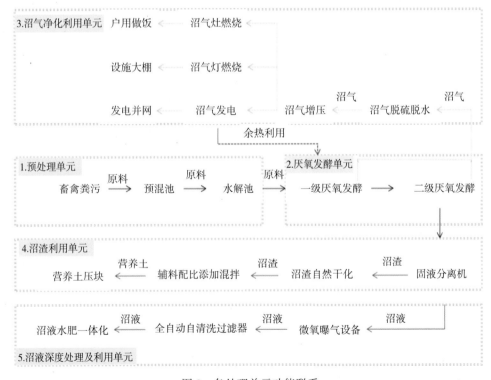

图3　各处理单元功能联系

至粪污集中处理中心，集中处理中心以每吨20元（含运费）的价格向养殖企业付费。周边10千米以内的养猪企业自主配套粪污运输车量，运输至集中处理中心进料场，集中处理中心向养猪企业以每吨猪粪10元的价格收取猪粪处理费用。

畜禽粪污收集运输车辆由养殖企业负责购买，粪污在养殖场内部暂存暂储，并由养殖企业负责每天定时运输至集中处理中心指定地点。畜禽粪污在养殖场内部贮存，旱厕粪污在村内的化粪池集中贮存，集中处理中心只处理不贮存。

收集的养殖粪污及旱厕粪污采用格栅分离无机杂质，预处理阶段不进行固液分离，以便保证后续发酵浓度和发酵效率（图4）。发酵完全后的沼渣、沼液采用固液分离机（图5）进行沼渣和沼液的分离。

图4 粪污预处理设施

3. 处理技术

（1）中高温热水解酸化技术 粪污经过物理分离后进入水解酸化阶段，通过发电余热回收协同太阳能加热，对粪污原料进行充分预热酸化，为厌氧发酵提供高效原料。

（2）CSTR梯级厌氧发酵技术 经水解酸化的混合液进入两级厌氧发酵，两个串联的厌氧发酵罐罐壁均设置两套水力搅拌系统，保证在中高温全混控制下，进行高效厌氧发酵，产生沼气、沼渣和沼液（图6至图9）。

图5 固液分离机

图6 搪瓷拼装一体化厌氧发酵罐

图7 沼气生物脱硫单元

图 8　沼气发电机及并网柜单元

（3）沼液深度处理技术　沼液首先通过高密度微氧曝气设备（图 10）去除悬浮颗粒物和胶体物质，然后通过多级不同过滤精度的自清洗过滤器依次进行全自动自清洗过滤，逐级去除沼液中的粗颗粒和细颗粒胶体物质，最后经过全自动反洗叠片过滤器后完全满足 120 目*沼液滴灌要求。沼液深度处理系统将不同过滤精度等级组合的全自动刷式自清洗过滤器和全自动叠片过滤器撬装化集成，工厂预制，现场对接，安装简单方便，无需土建施工，占地

图 9　沼气脱水增压单元

少。系统（图 11）采用 PLC 智能设计，自动识别杂质沉积程度，给电动排污阀信号自动排污，克服了介质过滤的纳污量小、易受污物堵塞等缺点，具有自动清洗排污的功能，且清洗排污时系统不间断供水，可以监控过滤器的工作状态，自动化程度高。

图 10　微氧曝气设备

图 11　全自动自清洗过滤器系统

---

　　*　筛网有多种形式、多种材料和多种形状的网眼。网目是正方形网眼筛网规格的度量，一般是每 2.54 厘米中有多少个网眼，名称有目（英）、号（美）等，且各国标准也不一，为非法定计量单位。孔径大小与网材有关，不同材料筛网，相同目数网眼孔径大小有差别。

4. 利用技术

(1) 多级热源协同利用技术　利用沼气发电产生的烟道余热及缸套余热同太阳能加热结合，保障热水解酸化效率，配置空气源热泵保障冬季寒冷期发酵稳定。

(2) 沼渣堆肥利用技术　以沼渣和菌渣为原料复配压制成块状营养土（图12），作为周边大棚育苗基质及无土栽培基质。

(3) 沼液喷滴灌利用技术　经过深度处理后的沼液作为有机肥料，通过智能水配肥系统进一步水肥一体应用于项目周边设施农业和大田作物（图13、图14）。

(4) 智能控制技术　系统采用PLC控制方式，实现系统设备的"手动/自动"运行。"手动/自动"选择开关切换到手动，可由现场开关直接控制设备，这是最高优先级的控制，在手动操作状态下，PLC仅对运行状态作监视。现场"手动/自动"选择开关切换到自动，在这一模式下PLC能根据设定参数自动控制设备的运行。通过物联网系统联接传感器获得系统运行条件，并根据参数调整实时调控或自动控制系统，通过无线和有线传输方式，联接中控室与控制柜，实现系统的自动运行。

图12　营养土压块成型机

图13　水肥一体化利用系统

图14　沼液利用

(5) 设备撬装集成技术　撬装是将核心处理设备集成于一个整体底座上，可以整体安装、移动的一种集成方式。撬装设备结构紧凑，占地省，运输方便，工厂预制，现场快速连接即可投入使用。

四、效益分析

1. 经济效益 项目收入主要来源于沼气发电并网、沼气供户直燃、沼渣制备营养土和沼液出售滴灌施肥等方面。其中，沼气入户直燃年收益31万元，发电并网收益97万元，沼液年销售收入约156.8万元，沼渣制备营养土年收入180万元，粪污处理费用收益年收入约23万元，合计年收入487.8万元。剔除成本支出，经济效益明显。

2. 社会效益 稳定的沼气资源、有机肥料资源带动了周边大棚种植的产业升级，成功吸引了外来投资者在秦壁村投资新建智慧大棚24 000米^2，种植有机西红柿，直接带动周边农民1 500余人就近就业，间接带动农民20 000人增产增收。

3. 生态效益 畜禽粪污资源化利用，变废为宝，有效解决了养殖畜禽及旱厕造成的农业面源污染。实行种养结合，降低了农田化肥农药使用量，改善了土壤质量和地下水环境质量，在保证农产品丰收的同时，也能保证农产品的质量和安全，提高了农民收益。同时可推动当地畜牧业、种植业和肥料业的融合发展，实现区域农业经济循环发展，改善农村人居环境，助力建设美丽乡村，乡村振兴战略实施。

福建圣农发展股份有限公司

一、基本情况

1. 区域概况　福建省南平市地处福建省北部，俗称"闽北"，全市面积 2.63 万千米^2，辖 2 区 3 市 5 县，是该省肉鸡产业的优势区。2018 年家禽出栏达 51 883.94 万只，禽肉产量达 72.6 万吨，分别占全省的 54.3% 和 53.1%。福建圣农集团公司下属子公司——福建圣农发展股份公司是一家在深圳中小板上市公司（股票代码 002299），公司位于该市光泽县境内，是亚洲最大、世界排位第六的一家全封闭白羽肉鸡全产业链集团公司。2018 年，集团肉鸡饲养能力达 4 500 万只，年屠宰肉鸡量 4.5 亿只，总产值 500 亿元。集团邻近的光泽、浦城和政和 3 个县家禽出栏 49 143.2 万只，禽肉产量 68.8 万吨，分别占南平市的 94.7% 和 94.8%。集团为解决福建圣农发展股份公司在南平市光泽县、浦城县、政和县养殖肉鸡所产生的 147 万余吨鸡粪，分别在南平市光泽县建设年处理鸡粪 30 万余吨的福建绿屯生物科技有限公司和年处理鸡粪 60 万余吨的福建凯圣生物质发电有限公司，在浦城县建设年处理鸡粪 47 万余吨的福建圣新能源股份有限公司。

2. 依托主体　项目依托主体是福建省绿屯生物科技有限公司，公司注册资本 1.5 亿元，现有吴屯一厂、金岭二厂、金岭三厂 3 个生产基地，占地面积 222 亩，厂房面积 20 万米^2。设计年处理鸡粪 60 万吨，生产生物有机肥、有机无机复混肥合计 35 万吨。

福建凯圣生物质发电有限公司系武汉凯迪控股投资有限公司和圣农实业有限公司共同投资 2.4 亿元兴建的生物质环保发电企业。总装机容量 2×12 兆瓦+25 兆瓦机组，主要以圣农公司养鸡场的废弃物——鸡粪和谷壳混合物作为燃料，有效解决了养鸡场鸡粪处置和鸡粪污染问题。每年可处理鸡粪约 30 万吨，发电 1.2 亿千瓦·时，真正实现了循环经济和综合利用。

福建省圣新能源股份有限公司坐落在浦城县，注册资本 1 亿元，为福建圣农控股集团有限公司的控股公司，主营鸡粪和谷壳混合生物质发电项目，已建 3 台发电机组，总装机容量 38 兆瓦，为亚洲最大的鸡粪发电厂。2016 年 6 月正式在新三板挂牌上市，2018 年被认定为国家高新技术企业。发电厂设计总投资 3.229 8 亿元。

3. 处理规模　每年收集处理圣农发展股份公司在光泽县、浦城县、政和县 4 500 千米^2 内养殖的 4.9 亿只肉鸡产生的鸡粪 147 万吨。

二、运营机制

1. 运营模式　福建省绿屯生物科技有限公司和福建省圣新能源股份有限公司是集团

134

公司下属全资子公司；福建凯圣生物质发电有限公司是与原武汉凯迪电力公司的合资公司，是亚洲第一家采用鸡粪进行生物质发电的公司，具有现代企业管理和上市融资企业的特征。企业为处理在光泽县、浦城县、政和县范围内福建圣农发展股份公司肉鸡养殖场产生的鸡粪，通过合同收购的形式，由养殖场在鸡出栏后统一收集运输到企业焚烧发电，不需要通过第三方环节，也不需要政府协调，为双方企业节省了生产成本，增加了盈利。

2. 盈利模式　鸡粪发电入网增加收入，并享受国家新能源补助；减少鸡粪处理和养鸡保温成本；利用灰渣中的钾、磷元素加工有机肥增值获利。福建凯圣生物质发电有限公司和福建省圣新能源股份有限公司 2018 年利用鸡粪近 100 万吨，燃烧发电入网，每度上网电价0.38 元，每度享受国家新能源补贴 0.37 元，实现盈利 6 000 余万元。

三、技术模式

1. 模式流程　见图 1。

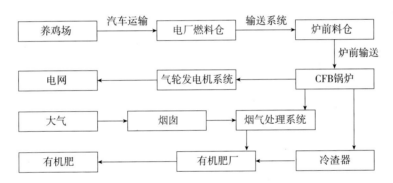

图 1　鸡粪发电及其综合利用模式

2. 收运模式　集团公司饲养白羽肉鸡实行全封闭全产业链模式。鸡粪发电是全产业链中的一环。公司用专用车辆统一收集合同农户养鸡鸡粪（谷壳＋鸡粪）后（图 2），置于发电厂燃料仓库备用（图 3），然后经发电厂热力输送管道进入炉前料仓（图 4、图 5），最后在鸡粪燃料仓（图 6）燃烧带动汽轮机发电组（图 7）。

图 2　谷壳垫料平养

图 3　由公司专用车辆统一收集运至发电厂

图 4　发电厂热力输送管道

图 5　炉前料仓

图 6　鸡粪燃料仓

图 7　汽轮发电机组

3. 处理技术　鸡粪（鸡粪＋垫料）替代煤炭作为发电燃料，燃烧前无需分离。发电过程，充分利用鸡粪热值较高和极易燃尽等特点，采用 CFB 锅炉燃烧技术，蒸汽通过汽轮机将热能转化为旋转动力，驱动发电机输出电能；鸡粪采用密闭和负压系统输送，防止鸡粪臭味外溢；烟气处理采用双级除尘，大部分烟尘（约 99%）在第Ⅰ级除尘后收集磷、钾，烟气处理去除二噁英及硫化物，使其达标排放。

4. 利用模式　该项目主要产品为收集鸡粪生产有机肥和发电，收集灰渣中的钾、磷运到集团有机肥厂作为加工原料。有机肥主要销往福建省沿海地区用于果树，种鸡鸡粪因为不含谷壳，含水分较高，不方便运输，主要用于当地及周边县市瓜果、蔬菜种植，少部分有享受政府购买机肥补贴；发电全部是上网销售。

四、效益分析

1. 经济效益　福建省绿屯生物科技有限公司 2018 年消纳鸡粪 43 万吨，生产有机肥 19 万余吨，销售额 1.1 亿元，利润 1 200 万余元。目前发电厂（图 8）装机容量为 38 兆瓦，可燃烧鸡粪 47.6 万吨/年，2019 年上半年度实现营业总收入 6 639 万元，较去年同期增长 30.19%，实现净利润 2 600 万元，较去年同期增长 54.38%。2016—2018 年累计处理鸡粪及谷壳混合物 127 万吨，累计发电量 6.8 亿千瓦·时，按入网电价 0.75 元/（千瓦·时）计算，创产值 4.25 亿元。

图 8　鸡粪发电厂全景

2. 社会效益　每年约为 32 万人提供生活用电，并提供了 500 多个就业岗位。

3. 生态效益　现有鸡粪发电能力可节省标准煤 23.8 万吨，减少 CO_2 排放 31.73 万吨、SO_2 排放 555 吨。

山东启阳清能生物能源有限公司

一、基本情况

1. 区域概况 费县地处沂蒙山腹地，位于山东省东南部，北接蒙阴、沂南，西邻平邑县，南与枣庄市接壤，下辖 11 个乡镇、1 个街道办事处、1 个经济开发区，总面积 1 660.11 千米^2，人口 83 万人，有耕地面积 90 多万亩，县内种植小麦、玉米、花生、地瓜等面积达 90 万亩，年产玉米等粮食 30 万吨，有天然草山、草场等面积 82 万亩，饲草饲料资源丰富，地理环境优越，是山东省的畜牧养殖大县。截至 2017 年 12 月底，全县存栏生猪 45.10 万头，其中能繁母猪 6.48 万头，存栏牛 2.55 万头、羊 33.56 万只、家禽 816.81 万只。全县出栏生猪 95.45 万头，牛 1.64 万头，羊 44.24 万只，家禽 2 294.10 万只。全县肉类总产量 12.80 万吨，禽蛋产量 4.33 万吨，奶类产量 0.85 万吨。畜牧业产值达到 20.5 亿元。

费县有规模化畜禽养殖场 389 家，其中市级标准化示范场 75 家、省级 9 家、国家级 3 家。无公害、绿色、有机畜产品认证 17 个。全县畜牧业合作组织 280 家，畜牧龙头企业 10 家，费县屠宰加工企业 10 家，饲料加工企业 9 家。畜牧业已经成为费县加快农业农村经济发展，促进农民增收的重要支柱产业之一。

2. 依托主体 山东启阳清能生物能源有限公司成立于 2014 年 10 月，位于临沂市费县费城街道办事处新居村。公司总占地面积 64 020 米^2，周围有 80 000 亩耕地。注册资金 1 000 万元，现有总资产 7 316 万元，是专业从事生物质能源和生物有机肥技术研发、项目建设、运营管理的新能源企业，是临沂市"市级农业产业化重点龙头企业"。

3. 处理规模 项目年处理畜禽粪污和病死畜禽 29.2 万吨及干秸秆（含水率 20%）2.16 万吨，日产沼气量 8.18 万米^3，日产生物天然气 3.89 万米^3，日产固体生物有机肥 122.47 吨，日产液体生物有机肥 1 651.0 吨。

二、运营机制

1. 运营模式 该项目覆盖全县的畜禽粪污、病死畜禽尸体和农作物秸秆，建立了有效的收运体系，在全县各乡镇设置收集暂存点，公司定期转运至处理中心进行无害化处理。项目实施后，畜禽污水经过厌氧发酵变成有机肥还田，农作物可少施或不施农药和化肥，形成"畜禽→污染→治理→肥料、能源→饲料→畜禽"生态循环系统，是一种可持续发展的良好模式。

2. 盈利模式

（1）秸秆处理 每吨秸秆产生沼气 320 米^3，按每立方米沼气含 60% 甲烷、每立方米甲烷 2.2 元计算，生产沼气经济效益为 320 米³×60％×2.2 元＝422.4 元；每吨秸秆产有机肥 0.4 吨，售价 800 元/吨，有机肥收益为 0.4 吨×800 元/吨＝320 元。每吨秸秆效益为 742.4 元。

每吨秸秆成本约 400 元，生产成本为 250～300 元，年处理秸秆能力 30 万吨，处理每吨秸秆净利润约 70 元，每年处理秸秆净利润为 30 万吨×70 元＝2100 万元。

（2）畜禽粪污处理　由于粪污来源于不同畜禽，每立方米粪污（干清粪）产生沼气量不同。鸡粪每立方米产生沼气 320 米³，猪粪每立方米产生沼气 260 米³，牛粪每立方米产生沼气 100 米³，按每立方米沼气含 60％甲烷、每立方米甲烷 2.2 元计算，则不同粪污每立方米产生沼气收益为：鸡粪 320 米³×60％×2.2 元＝422.4 元；猪粪 260 米³×60％×2.2 元＝343.2 元；牛粪 100 米³×60％×2.2 元＝132 元。

每立方米鸡粪成本约 120 元，生产沼气成本 100 元，处理每立方米鸡粪净利润约 202.4 元；每立方米猪粪成本约 90 元，生产沼气成本 100 元，处理每立方米猪粪净利润约 153.2 元；每立方米牛粪成本约 30 元，生产沼气成本 100 元，处理每立方米牛粪净利润约 2 元。按照每立方米原料约 1.41 吨，各种原料配比平均计算，每年处理 40 万吨畜禽粪便，产生效益约 3 376 万元。

企业每年固定研发、市场推广费用约为 1 200 万元，扣除此费用企业每年利税 1 300 万元左右。

3. 项目年经济效益估算　年产提纯天然气 3 300 万米³×2.2 元/米³＝7 260 万元。年产有机肥 30 万吨×800 元/吨＝24 000 万元。项目达产期年产品销售产值 31 260 万元。

以上通过效益分析，年产生利税 1 300 万元，且可持续发展，实现社会效益、生态效益、经济效益同步发展。

三、技术模式

根据畜禽粪污"减量化、资源化、无害化、生态化"处理利用原则，采用"三分离一净化"模式。"三分离"即"雨污分离、干湿分离、固液分离"，"一净化"即"污水生物净化、达标排放"。具体主要以各乡镇建立收集点，投资 3 400 余万元建设覆盖全县的畜禽粪污收集、处理体系把全县的畜禽粪污收集、运输至公司进行集中处理。

1. 模式流程　工艺流程见图 1。

2. 收运模式　原料的充足供应是项目正常运营的前提。该项目采取"政府推动、企业运作"模式，建立了养殖粪污、病死畜禽及农作物秸秆三大收集体系，结合物联技术，确保全区域覆盖。费县人民政府针对养殖粪污及病死畜禽收集体系的建设专门下发了《费县养殖粪污及病死畜禽集中收集处理体系建设实施方案》（费政办发〔2016〕3 号），方案提出按照"乡镇设点、大场自存、流动收集、集中处理"的原则建设覆盖全县所有乡镇（街道）的畜禽粪污及病死畜禽收集转运体系。具体收储运实施方案如下：

（1）粪污集中收集体系　养殖场（户）按照标准建设三级沉淀池，乡镇（街道）按照区域养殖总量建设临时储存点，公司配备大型密闭运输车 3 辆，将沉淀池、储存点的粪便运送到无害化处理厂进行综合处理。在费县每个乡镇建立收集点，每个养殖户每天将畜禽粪污集中运输至收集点，公司配备大型密闭运输车 4 辆，将粪污运输至无害化处理厂进行综合处

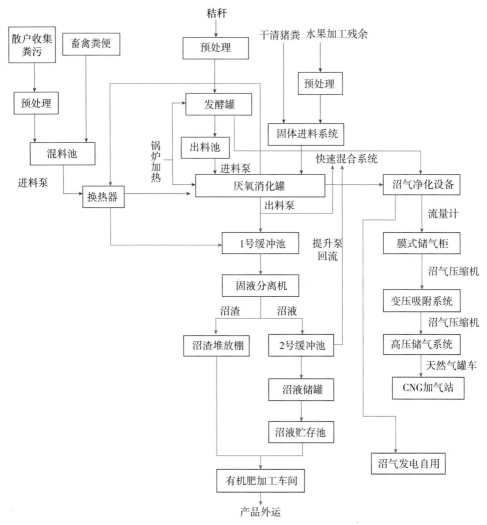

图1　总体工艺流程示意图

理。畜禽粪污的原料能够达到项目正常运营。

（2）病死畜禽集中收集体系　在乡镇（街道）兽医站建设病死畜禽暂存点，由基层兽医站、保险公司、无害化处理厂、检疫执法人员组成病死畜禽处理小组，负责病死畜禽的核实、赔付工作，将病死畜禽消毒封闭运送至暂存点暂存，无害化处理厂配备专用运输车4辆，按照病死畜禽无害化工作流程，每天将各暂存点的病死畜禽运输至无害化处理厂，突发疫情点病死畜禽直接运送至无害化处理厂进行处理。

（3）秸秆收集体系　先期以玉米、小麦秸秆为主，后期扩大到其他秸秆。按照属地管理原则，由各乡镇（街道）负责落实秸秆的集中收集，无害化处理厂综合处理利用。

此原料收储运实施方案科学合理，可操作性、可复制性、推广性强，通过该项目的实践及完善可以向山东全省乃至全国辐射推广应用。

在全县每个乡镇设置收集点，公司到每个乡镇的秸秆收集点进行集中收集。

公司采用政府合作推动与商业化运作相结合的方式实现原料的收集。完全可以保障建设地点周边20千米范围内有数量足够、可以获取且价格稳定的有机废弃物，其中半径10千米以内核心区的原料可保障整个工程原料需求的 80% 以上。

3. 处理技术

（1）原料仓储和预处理系统工艺技术 本项目所需原料为畜禽粪污、病死畜禽及农作物秸秆。①畜禽粪污配备粪污运输车，畜禽粪污经过格栅，去除石块、塑料等大的杂质。②病死畜禽配备密闭运输车，冷藏动物尸体无需解冻直接可以处理。将整车动物尸体放入预碎机破碎后通过密闭螺旋输送机直接送入罐内处理，无需人畜接触。智能化程度高，可远程操作及无人操作，病死畜禽经过畜禽废弃物无害化处理设备处理后得到肉骨渣。③干式发酵所需原料为农作物秸秆，秸秆仓储采用 1 500 米²（30 米×50 米）钢结构大棚，各乡镇周边 14 个分散存储点，自购秸秆粉碎设备 14 台，完全可保障 4 个月连续运行所需原料的仓储和预处理。秸秆收集后先进行粉碎，然后采用生物预处理。

（2）厌氧发酵系统工艺技术 该项目在湿式发酵法中结合了现代工业和现代发酵工业先进的理念及技术。沼气发酵绝大多数采用单体发酵法，即不能保证生产中的温度、发酵时间和产品质量。大量未利用的有机质随沼液排出，不仅浪费了能源也产生了二次污染。公司采用 3 步发酵法，即预处理完后进入一级发酵罐，上部设液位自动排放阀，通过压差进入二次发酵罐，三次略同。三次发酵后的清液进入沼液浓缩车间深度处理。底部自动排渣阀将沼渣排入秸秆预混车间，沼渣与秸秆预混。这样既保证了进料量、发酵温度，又保证了产气量，有机质得以全部利用。所有的发酵罐体均设置了较先进的内部构件，如自动破壳器、破壳刀（利用上料时的气压）、三相分离器、环形布料、立式加热、回流搅拌、气体加压搅拌等。较先进的微泡分布器也已安装于罐中。罐体内部厌氧发酵过程中，通过微泡分布器向罐内注入氢气。在厌氧发酵产甲烷过程中，通过注入氢气，利用食氢产甲烷菌将氢气、二氧化碳转化为更多的气体产物甲烷，减少了二氧化碳的产出（图 2 至图 4）。

（3）系统性能指标 见表 1。

表 1　主要技术指标

序号	技术性能参数	指标
1	湿式发酵罐总容积（米³）	56 000
2	日产沼气量（米³/天）	56 000
3	池容产气率［米³/（米³·天）］	1.0～1.5
4	沼气热值（兆焦/米³）	23.02
5	发酵温度（℃）	35～36
6	有机负荷［千克/（米³·天），COD］	2.4～4
7	HRT（天）	15
8	COD 去除率（%）	85～90

4. 工艺特点　工艺单元效率较高，管理、操作方便；处理后排放的污水浓度较低，基本满足农田灌溉的要求，对周围环境影响较小；工艺操作简单，自动化程度高，劳动强度低；工程投资省，运行费用低；池容产气率高；布局合理美观，工厂化封闭预处理使得厂区整洁干净，气味小，不滋生蚊蝇。

图 2　发酵罐区

图 3　沼气提纯净化装置

图 4　沼气工程

四、效益分析

1. 经济效益　项目建成运行后年可处理畜禽粪污和病死畜禽 29.2 万吨及干秸秆（含水率 20%）2.16 万吨，日产沼气量 8.18 万米^3，日产生物天然气 3.89 万米^3，日产固体生物有机肥 122.47 吨，日产液体生物有机肥 1 651.0 吨，日发电量 2.88 万千瓦·时。每年可实现收益 14 664 万元，利润总额 3 054 万元，实现所得税 763.5 万元。项目总投资收益率达到 14.93%，税后财务内部收益率 12.6%，税后投资回收期 7.79 年，财务净现值 501.48 万元。

2. 社会效益　项目符合国家产业政策及行业发展规划，具有良好的社会效益，主要表现为：

①有效推进农业循环产业进程。养殖业产生的大量的粪便和秸秆等，经过加工成为生物天然气和有机肥等，在提高企业收入的同时，也发展了高效高产绿色农业，对费县农业发展形成了标杆作用，促进了临沂市关联产业的发展。

②有利于提高当地农民秸秆回收、养殖及玉米种植的积极性；有利于带动临沂市及周边地区相关行业的发展；有利于壮大当地的养殖业规模，进而推进当地的养殖业产业化进程。

③实现畜禽粪便和秸秆资源化、产业化、商品化。不仅可以缓解我国化肥资源和清洁能源的短缺问题，提升地力，改善农作物的品质和提高产量，还可以实现清洁生产和农业资源的循环利用，推动生态农业建设的健康发展。

3. 生态效益 将养殖场的粪便及冲洗污水收集后进行厌氧发酵，消除养殖场粪污对环境的污染，实现粪污的无害化处理。沼渣、沼液施用于本农场的蔬菜基地、果树地、林地及周边农田，既可减少化肥、农药的使用量，又可改善土壤环境质量，减轻农业面源污染，促进企业周围水土资源的合理利用和生态环境的良性循环。

沼气利用使畜禽养殖废弃物得到充分利用，大大降低了面源污染，保护了土壤和地表水的水质，切断了疾病传播的途径，改善了农村卫生环境条件，缓解了农村能源短缺问题，对降低有害气体排放和农药、化肥的使用量，促进农业生态环境良性循环和永续利用起到了重要作用。

山东民和牧业股份有限公司

一、基本情况

1. 区域概况　山东民和牧业股份有限公司位于山东省蓬莱市，地处胶东半岛北端，濒临黄、渤二海。辖区陆域面积 1 007 千米^2，海域面积 506 千米^2，海岸线长 64 千米，人口 41 万人，辖 5 个街道、6 个镇和 1 处国家级旅游度假区、1 处国家农业科技园区、1 处省级经济开发区。先后获国家生态市、国家卫生城市、国家环保模范城市、全国文化先进县等荣誉称号。

蓬莱市肉鸡生产、加工产业，粮食饲料产业布局良好，基础较好。全市畜牧业规模化、标准化养殖比重逐步上升，分别达到 96% 和 89%，养殖规模和饲养管理水平提升明显，2018 年，有 45 个畜禽养殖场完成标准化改造，全市畜牧业现代化、标准化、生态化水平进一步提升，品种结构、产品结构以及整个产业结构进一步得到优化。辖区有民和牧业、三利食品、福润牧业多家行业龙头企业，是山东省首批畜牧业绿色发展示范县。

2. 依托主体　山东民和牧业股份有限公司是农业产业化国家重点龙头企业。公司现有职工近 2 000 人，下设种鸡场（图 1）、孵化厂、商品鸡产业化基地、食品公司、饲料厂等30 多个生产单位。民和牧业现存栏父母代肉种鸡 350 万套，年孵化商品代肉鸡苗 3 亿多只，商品代肉鸡年出栏 2 000 多万只，年屠宰加工鸡肉食品 6 万多吨，饲料生产能力 40 万吨，年产鸡粪 18 万吨、污水 12 万吨。

在畜禽废弃物资源化利用方面，公司先后投资 8 000 万元建设了装机容量 3 兆瓦生物燃气热电联供沼气发电项目，投资 4 000 万元建设沼液处理能力达 300 吨/天的资源化利用沼液浓缩水溶肥项目，投资 1.2 亿元建设年产 1 500 万米^{3}高纯度生物燃气的沼气高效压缩提纯等资源综合利用工程（图 2）。截至 2018 年年底，公司沼气工程连续 11 年实现全年365 天连续稳定运行，可实现年处理鸡粪 18 万吨、污水 12 万吨，利用沼渣生产生物有机肥 20 000 吨、高端生态有机肥料"新壮态"6 万吨，发电量 2 400 万千瓦·时，减排折合标准煤 10 000 吨，同时减排温室气体 80 000 吨 CO_2 当量，年收益 700 万元人民币。目前，已在蓬莱建成 386 个沼液施肥示范村，推广沼液施肥面积 20 万亩。基于沼液种植的果蔬品质显著提高的特点，民和公司注册了"民和沼果"和"民和沼菜"商标，同时，公司自有种植基地 1 000 余亩，种植能源玉米、苜蓿草等能源作物，用于多原料沼气厌氧发酵的研究与生产。公司成功构建"畜禽养殖—沼气工程—清洁能源—高效肥料—果蔬种植"有机结合的完整循环生态农业产业链，实现畜禽废弃物的高效开发利用，形成无污染、零排放、高收益的循环生态农业模式（图 3）。

图1　山东民和牧业股份有限公司种鸡养殖基地

图2　粪污资源化利用工程
（特大型粪污沼气发电、沼气提纯生物天然气工程）

二、运营机制

1. 运营模式　民和股份以肉鸡产业为基础，以沼气工程为纽带，带动了粮食种植、饲料生产、兽药销售、运输、畜禽废弃物资源化利用等众多产业发展，年可提供社会就业岗位约1万个，增加农民纯收入约3亿元，累计社会效益约10亿元。同时，民和股份积极开展对周围村庄劳动力培训活动，并设立服务热线、"村村通"宣传栏，随时为村民提供养殖技术、市场动态等方面信息，提高其标准化养殖水平，切实解决广大养殖户在生产、销售中遇到的难题。在此基础上，公司还积极吸纳村民到公司就业，很多村民从此摆脱了贫困，走上了致富的道路。企业发展壮大后，还致力于服务"三农"，扶持"三农"，出资反哺新农村建设。

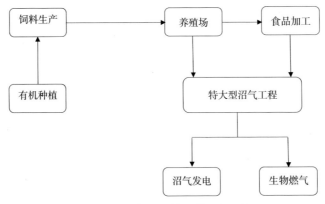

图 3　粪污资源化循环利用产业链

2. 盈利模式　公司的营业收入及盈利主要来自于鸡苗和无害化处理产品的生产、销售。民和股份以此为载体，建立起具有自身特色的完善的"生态健康养殖—安全绿色食品—资源高效利用—有机作物种植"生态农业循环产业链，实现污染物的零排放和温室气体减排。目前，民和已建起沼液有机种植生态基地 3 万亩，"民和沼果""民和沼菜"已覆盖包括蓬莱、龙口、栖霞、寿光等县市的 100 多万亩果蔬种植供应田。

三、技术模式

1. 模式流程　见图 4。

图 4　民和特色循环产业链

该模式采用"原料分散收集—沼气工程集中处理—沼气发电—沼肥分散消纳"的废物处理工艺，形成了以沼气为纽带的热、电、肥、温室气体减排四联产模式。

2. 收运模式 将公司自有鸡粪与农业废弃物花生壳通过好氧堆槽发酵制作高质量有机肥料、生物有机肥（图5）。沼气多元物料的混合发酵，扩大了发酵原料来源，保证了沼气工程的成功运行；更重要的是还可很好地处理除畜禽粪便外的其他有机物，如畜产品加工过程中产生的废弃物、有机种植业产生的秸秆等。公司畜禽粪便经自有运输车辆、污水通过管道收集送至子公司民和生物沼气工程集中处理。

图5 有机肥车间

3. 处理技术

（1）沼气工程技术 粪污沼气发电项目实现了国内首个特大型热、电、肥、温室气体减排四联产的"集中式粪污沼气处理"模式工程，是国内唯一实现365天稳定运行11年的大型沼气发电项目，日处理鸡粪500吨、污水300吨，日产沼气3万米^3，日发电并网6.5万千瓦·时，年并网发电2 300多万千瓦·时。同时，项目引进国外先进沼气提纯装置以及创新的工艺，年产生物天然气1 500万米^3，并积极开展德国农业部与我国农业部两国沼气合作项目——中德"国际最佳实践"沼气创新示范项目，以国际合作的形式开发膜提纯工艺在沼气提纯工程中的应用项目，实现技术的优化（图6至图8）。

图6 民和沼液车

实践证明，影响沼气工程运行的因素包括温度（中温38℃）、有机物浓度（TS7％左右）、pH（8左右）等多个方面，技术含量高，既需要根据各地的实际情况精心设计和施工，又需要专业技术人员运营和维护，缺一不可。

图7　GE颜巴赫沼气发电机组　　　　　　　　图8　天然气加气站

（2）沼液浓缩技术　将鸡粪发酵产生的沼液，通过高效膜浓缩工艺工程化实现沼液深度开发和利用，成功制备出浓缩沼液，解决沼液用量大、运输难的问题（图9）。该项目除生产浓缩沼液外，还产生大量的水，而这部分水又重新回到鸡舍，用于鸡舍的冲刷，成功实现了无污染、零排放的目标，实现了水资源的良性循环利用。

（3）沼液有机种植　根据不同地域、不同作物的实际情况使用沼液、有机肥，保证肥效并且控制病虫害，减少化肥农药用量，与国家双减政策相呼应，杜绝高毒农药，减少污染，降低残留，所产果品及蔬菜具有绿色、生态、无残留等特点（图10、图11）。

图9　沼液浓缩车间　　　　　　　　图10　民和沼液有机种植南吴家村生态园

4. 利用模式　在有机种植方面，受区域政策、产业基础及产业特征等因素的影响，种养一体化模式日益丰富，逐渐形成了"公司＋基地＋农户"多元主体一体化运行机制，通过强化公司与农户的诚信意识，平等互利、友好协商，形成稳定的购销合作关系，大力推进订单农业的发展。

公司在多年沼气工程成功运行的基础上，建设并运行沼液资源化利用工程，生产可纳入市场化竞争机制的高品质水溶肥产品，实现沼气工程产品的多元化、增值化，进一步完善公司专业的沼肥销售技术服务团队，通过市场化运行管理机制的创新，提高工程经济效益，市场前景广阔。

图 11　多层笼养与粪污集中收集
（粪污不落地、不堆积，及时收集）

四、效益分析

1. 经济效益　年销售生物天然气 150 万米^3，销售单价 2.0 元/米^3；液态肥沼液实行惠农政策，免费供应农户。发电并网电价按照 0.594 元/（千瓦·时），日发电量 7.0 万千瓦·时，全年按 330 天计，年发电销售收入为 1 372 万元（图 12）。同时，项目的建设有效带动了以沼气为纽带的能源业、种植业、养殖业、加工业于一体的良性循环经济模式，带动了地区养殖业、新能源、有机种植、物流运输等多个相关行业的发展，增加 3 200 个就业机会，让该地区 20 000 余名农户人均增收 10 000 元，对于促进社会发展、提高社会收入具有显著的意义，经济效益比较显著。

图 12　民和畜禽废弃物资源化利用工程

2. 社会、生态效益　该项目有效解决了环境污染问题，对我国社会发展具有深远意义，环保效益显著；沼气经过提纯压缩生产生物天然气，可替代其他天然气、原煤或石油，有利于改善我国的能源结构，节能效益显著。

以沼气工程为纽带，实现了畜禽养殖业与种植业完美结合，公司为农户提供优质沼液肥料，并与蓬莱农业局合作在蓬莱市刘家沟镇南吴家村建设 1 000 亩"省级沼液有机种植生态园"；有机叶面肥已经在全国推广示范，示范面积 10 万亩，形成沼液使用技术培训基地 1

座，集中对种植户进行专业的技术指导。

公司经过多年的探索与努力，依靠技术创新已经成功走出了一条大农业、大循环的道路；实现了物质与能量的循环利用，农业与科技、经济与环保的良性互动；构建了畜禽养殖清洁化、产业链条循环化、废弃物能源化高效利用与有机种植为主体的循环农业体系。

山东青岛中清能生物能源有限公司

一、基本情况

1. 区域概况　莱西市是山东省青岛市的卫星城市，位于山东半岛中部，青岛、烟台、威海、潍坊4个对外开放城市之间，是山东省正在建设的半岛城市群、半岛加工制造业基地、半岛日韩加工协作区的中心。距离青岛港80千米、前湾港110千米、青岛国际机场60千米，在青岛市1小时经济圈内。

近年来，莱西市着力推进畜牧业结构调整，促进转型升级，推动畜牧业绿色发展，取得明显成效。2018年全市牛存栏9.6万头，其中奶牛存栏7.2万头；生猪存栏40.97万头，出栏87.13万头；家禽存栏2 737.73万只，其中肉鸡2 310万只，家禽出栏12 736.99万只，其中肉鸡出栏12 092万只；肉类总产量32.67万吨，蛋类总产量4.73万吨，奶类总产量29.58万吨，畜牧业总产值48.03亿元，居全省县级市前列。莱西市是全国最大的奶业生产基地之一，肉鸡产品出口占全国1/4。2016年，莱西市被评为第一批"山东省现代畜牧业示范区"；2017年，获得第一批国家"畜牧业绿色发展示范县"称号。

莱西市养殖业每年产生的粪污大致情况见表1。莱西市种植业、林业发达，需要大量的优质肥料。

表1　莱西市畜禽养殖及粪污测算情况

镇街	牛		生猪		家禽	羊	粪便总计（万吨）	尿液总计（万吨）	粪污合计（万吨）
	粪便（万吨）	尿液（万吨）	粪便（万吨）	尿液（万吨）	粪便（万吨）	粪便（万吨）			
沽河	3.01	1.50	2.06	3.40	35.69	0.12	40.88	4.90	45.78
姜山镇	5.15	2.58	1.96	3.24	19.39	0.11	26.62	5.82	32.44
河头店	4.79	2.39	1.99	3.28	6.10	0.00	12.88	5.68	18.56
日庄	3.39	1.70	1.66	2.74	8.11	0.00	13.16	4.44	17.60
夏格庄	3.27	1.63	0.51	0.84	7.86	0.63	12.26	2.47	14.73
店埠	3.98	1.99	1.64	2.70	3.49	0.21	9.31	4.69	14.01
望城	3.58	1.79	0.81	1.34	5.95	0.10	10.43	3.12	13.56
院上	1.90	0.95	0.84	1.39	5.43	0.11	8.28	2.33	10.61
南墅	0.56	0.28	2.30	3.80	2.84	0.00	5.71	4.08	9.79
马连庄	1.91	0.96	0.56	0.92	4.25	0.00	6.72	1.88	8.60
水集	0.35	0.18	0.54	0.89	3.86	0.18	4.93	1.07	6.00
开发区	0.47	0.24	0.39	0.64	2.19	0.19	3.24	0.88	4.12
合计	32.36	16.18	15.26	25.18	105.17	1.64	154.43	41.36	195.79

2. 依托主体 青岛中清能生物能源有限公司（图1）于2012年5月8日成立，注册资本为3 000万元人民币，主要经营沼气的生产、销售，有机肥的生产、销售，有机废弃物的处理，沼气技术研发，沼气信息咨询等。

图1 厂区全景

目前公司100余人，自2012年至今，中清能已经无事故运行8年多，验证了中清能系统的稳定性、团队管理及操作的可靠性。公司业务覆盖半径30余千米，东到莱阳、栖霞，西到平度，北至招远，南到即墨。目前日处理畜禽粪便：鸡粪100吨、牛粪70吨、鸭粪120吨、猪粪50吨；生活污泥50吨；屠宰污泥160吨；有色废水30吨（咖啡水）；果蔬20吨；其他有机废弃物10吨。日处理能力最高610吨，年处理能力15万～18万吨（图2）。日产沼气15 000～20 000米³，全年约450万米³，为企业节约了一定的经济成本。公司每年为大中型农场、果园、园林提供400～500吨沼渣、沼液，减少了40%～60%的化肥使用量，同时实现了土壤改良、保水保湿的目的（图3）。

图2 粪污与其他有机废弃物收集处理模式

图 3　沼气和沼液、沼渣利用模式

二、运行机制

1. **运营模式**　公司是集有机废弃物无害化处理、清洁能源生产、有机肥生产为一体的综合处理处置中心。企业与种植/养殖户、政府、食品加工企业等采取互助合作模式，由企业或第三方负责有偿收集运输有机废弃物，由公司统一进行无害化处理，生产能源和有机肥，形成"养殖/种植/生活—废弃物资源化—种植/养殖/生活"的良性循环，最大限度提高能源的利用率，实现有机废弃物的综合利用，达到"零排放"的目的。

2019 年公司投资 10 993 万元建设二期项目，包括 2 座 7 000 米³ 厌氧罐及配套系统和 1 座 7 800 米² 有机肥车间。

2. **盈利模式**　有机废弃物无害化处理与处置的主要成本包括设备折旧费用 15%、电费 10%、人工费 10%、设备维修费 10%、原料运输费 30%、原料购置费 20%、其他 5%。

其盈利点主要分以下三个方面。

(1) 食品行业、养殖业有机废弃物有偿处理 (40%)　食品行业污水、污泥；养殖屠宰污水、污泥等有机物含量高的有机废弃物，企业处理负担大，存在很大的风险，造成二次污染等。集中收集后转交公司处理，清洁干净、费用低；转化后产生的沼气可以再供企业使用，降低生产成本。

(2) 清洁能源——沼气 (50%)　中清能沼气甲烷含量 65%～70%，含量稳定，热值高。沼气可用于民用，如做饭、取暖、照明；工业，如蒸汽、热水、导热油、锅炉，热风炉等；商用，如发电、供暖、供冷，为企业带来较好的经济效益。

(3) 有机肥——沼渣、沼液 (10%)　沼渣、沼液属于优质、高效的有机菌肥，富含大量的有机质、腐殖酸、益生菌以及丰富的微量元素。用于养殖、种植都有不错的收益。

二期建成投产后，日处理有机废弃物 1 500 余吨，日产沼气 50 000 余米³，年产有机肥

10万吨，液体有机肥2万余吨。处理能力的提高、产气量的增加都能为企业带来不错的经济效益，同时有机肥的投产便于沼渣、沼液的运输与储存，提高了有机肥的运输半径，大大增加了有机肥的使用数量。

三、技术模式

1. 模式流程 见图4。

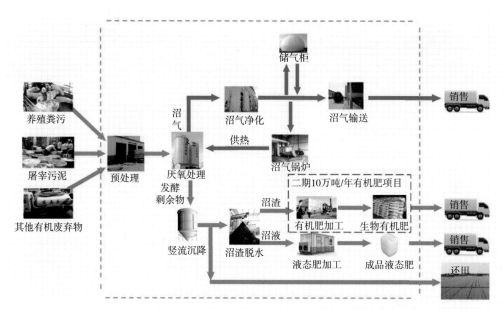

图4 厌氧发酵处理流程图

2. 收运模式

（1）收运模式 主要有三种：①政府补助，购置运输车辆；②承包外运，由承运人购置车辆；③企业自运，由企业出车辆运输。

液体废弃物采用全封闭式的罐车进行清运，固体类则采用粪污运输车进行清运，做到全程无跑、冒、滴、漏。

（2）有机废弃物处理半径 ①旱厕粪污以沽河街道办事处为中心，覆盖150余个自然村庄。②畜禽粪污，覆盖莱西所有乡镇。③其他废弃物，东到莱阳、栖霞，西至平度，南至即墨，北至招远。

（3）废弃物储存 为最大限度挖掘有机废弃物的价值，避免有机废弃物的发酵分解，全部的有机废弃物原则上在产出当天就送至中清能公司，不进行转存，直接进入厌氧系统进行发酵，有效控制了污染源，避免了有机废弃物的二次污染。

（4）收费/付费问题 有机废弃物的收费/付费标准，按照其COD/BOD含量，降解难易程度，总氮、总磷含量等进行收费。运输则按照运输距离根据市场价格支付运输费用。

3. 处理技术 中清能公司根据农业有机废弃物种类多，形态、性状各异的特点，研制了多原料全混式厌氧系统。该厌氧发酵系统具有以下特点。

（1）原料多样化 处理原料包括畜禽粪污（猪、牛、羊、鸡、鸭、鹅等）、秸秆、生活污泥、餐厨垃圾、腐烂丢弃的果蔬、稻壳类物质等，对于多种类、多性状的农业有机废弃物可真正做到一罐处理。

（2）高效UASB系统 构造简单，反应器内部可培养出厌氧颗粒污泥，实现污泥泥龄与水利停留时间的分离，对各类废水均有适应性，能耗低、产泥量少。简单、节能、高效，符合市场需求。

（3）双搅拌工艺 为达到原料反应彻底，系统采用双搅拌模式。在节能的基础上最大限度挖掘系统的潜能。

（4）中温发酵工艺 采取能耗低、厌氧效果好、工艺成熟的中温发酵，采用独特的温控系统，确保形态温度。

（5）高效厌氧菌群驯化 有较强的适应性；耐酸碱性高、活跃性较高；有机废弃降解快、效率高、甲烷含量高。

先进独特的工艺与技术是系统稳定高效的最大保证。除此之外中清能公司还有如下特点：

①整体布局简单、紧凑，占地面积小。生产过程全密闭，全厂整洁干净，避免了二次污染（上料、厌氧、沼气、沼液、压滤间等全密闭操作）。

②设备简单，以泵、电机为主，便于维修维护。

③操作简单，设备操作实现半自动化，简单按钮开关操作即可，劳动强度低（全厂操作工人仅7人）。

④过硬的技术、良好的环境、简单的操作、高效的团队决定了中清能的生存能力和服务于社会的能力。

4. 利用模式 见图5。

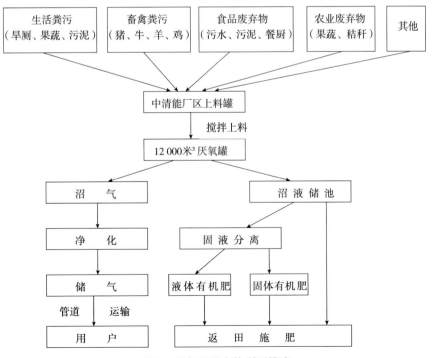

图5 厌氧发酵产物利用模式

四、效益分析

1. 经济效益 该项目年总收入 5 000 余万元，为企业节约成本约 3 000 万余元，减少畜禽粪污处理成本 1 000 余万元。

2. 社会效益 ①该项目促进环保事业的发展，改善了生活环境，提高了生活质量，既治理了污染又取得了好的经济效益；②该项目促进了养殖、种植各项事业的发展。对当地的畜禽养殖场废弃物资源化利用起到带头作用，提高当地广大公众保护生态环境的意识，促进农业资源综合利用和当地农业经济可持续发展。③促进了工农业生产无害化。④节约了大量能源，增加了利润。⑤培养了一批沼气工程技术人员，为今后推广沼气工程储备了精干技术队伍。

3. 生态效益 沼气利用使畜禽养殖废弃物得到充分利用，大大降低了面源污染，保护了土壤和地表水水质，切断了疾病传播途径，改善了农村卫生环境条件，缓解了农村能源短缺问题，降低了有害气体排放和农药、化肥的使用量，促进了农业生态环境良性循环和持续利用。沼气工程的实施，解决了农村畜禽粪污带来的面源污染，使畜禽粪污各项指标达到环境排放标准，达到了社会、经济、生态效益的高度统一。

华中地区

河南未来再生能源股份有限公司

一、基本情况

1. 区域概况 新蔡县地处北亚热带向暖温带过渡的地带，属大陆性季风型亚湿润气候，气候宜人，四季分明，温湿适中，雨热同季，光热充足，具有冬长寒冷少雪雨、春短干旱多风、夏季炎热多雨、秋季旱涝变化大的特点；系淮河流域，水资源丰富，属典型的平原农业大县。全县总面积1 453千米^2，可耕地148.65万亩，是全国粮食生产先进县、全国科技进步先进县、河南省直管县。

2017年，全县生猪出栏86.7万头、存栏77.8万头；牛出栏17.72万头、存栏31.85万头；羊出栏34.5万只、存栏34.84万只；家禽出栏521.9万只、存栏467.05万只；肉、蛋、奶等畜产品产量均有较大幅度增长，分别达到41.59万吨、6.27万吨、1.79万吨。2016年，全县畜禽养殖产生粪便约185万吨，污水约123万米^3（表1）。

新蔡县规模养殖场设施化程度较高，585家生猪规模养殖场中，383家建设有防渗防溢流污水贮存池、防渗粪便储存场、雨污分流等设施，117家建设有防渗粪便储存场，另外85家建设有防渗防溢流污水贮存池。26家规模肉牛养殖企业中，8家建设有防渗粪便储存场。12家肉羊规模场中，1家企业建设有防渗粪便储存场。饲养管理设施较为先进，规模化猪场、鸡场采用自动化饲喂、饮水和环境控制，规模化牛场、羊场实行TMR饲喂。

表1 2017年新蔡县畜禽养殖产生粪污量统计

畜种	饲养阶段	年饲养量（万头、万只）	饲养天数（天）	粪便产生量系数[千克/（头·天）]	尿液产生量系数[升/（头·天）]	粪便年产生总量（吨）	尿液年产生总量（米^3）
生猪	保育猪	77.8	50	0.67	1.48	26 063	57 572
	育肥猪	77.8	90	1.41	2.84	98 728.2	198 856.8
	能繁母猪	6.3	365	1.71	4.8	39 321.45	110 376
奶牛	青年牛	0.1	240	14.63	7.73	3 511.2	1 855.2
	成年牛	0.3	365	30.3	14.8	33 178.5	16 206
肉牛		31.85	300	13.63	8.43	1 302 346.5	805 486.5
蛋鸡	育雏育成	270	110	0.09		26 730	0
	产蛋	450	365	0.13		213 525	0
肉禽		521	45	0.14		32 823	0
肉羊		34.5	300	0.67	0.41	72 450	42 435
合计						1 848 676.85	1 232 787.5

新蔡县注重畜牧业绿色化发展，初步形成了适宜本地情况的畜禽废弃物利用技术模式。

(1) 种养结合、就地利用模式 养殖场畜禽粪便堆积发酵后直接施用到周边农田、园林地；养殖废水经厌氧池发酵后，在农田、林地、果园地势高处建造储肥池储存，通过铺设管网、自流或喷灌用于种植业施肥。该模式实现了养殖排泄物的就地消纳及污染物的资源化利用，改善了土壤肥力，生态环境得以显著优化。

(2) 本地处理、就近利用模式 就近建设相应承载能力的种植业基地，畜禽粪便处理后加工成有机肥，就近转运至农田和果园。该模式既解决了畜禽排泄物的污染问题又给种植业提供了肥料，形成了科学有效的生态循环产业链。

(3) 多点收集、集中处理模式 对养殖场畜禽粪污干湿分离后，由专人专车上门收集，集中发酵处理后制成有机肥出售。主要是引导兴建生态小区或规模场，实现人畜分离，改善村庄环境，促进美丽乡村建设。

2. 依托主体 河南未来再生能源股份有限公司（以下简称未来公司）专业从事农村废弃物（畜禽粪污、种植秸秆、厕所污水、生活垃圾、生活污水）处理、资源转换、循环农牧、安全食品、休闲观光，包含规划设计、设备生产、施工建设、运营服务，拥有近百项专利。2016 年 12 月，河南未来再生能源股份有限公司成功挂牌新三板。未来公司目前在新蔡县已建成 5 个农村废弃物处理资源转换站，每个处理站投资约 6 000 万元。

3. 处理能力 每个处理站可处理半径 7.5 千米范围内的畜禽粪污（折合成年出栏 20 万头猪当量），12 万亩种植秸秆，1 万～2 万户厕所污水、生活垃圾及生活污水。每个综合体可带动周边 1 000 亩设施大棚及 20 000 亩大田种植，直接提供 300 余个就业岗位，实现"四统一、两共享"（车辆、人员、销售、处理系统统一管理，实现平台共享、资源共享）。

二、运营机制

1. 运营模式 按照"农废处理＋资源转换＋种养优化＋安全食品＋环境整治＋产业扶贫＝乡村振兴"的模式，未来公司独立运营。

2. 盈利模式 公司的收益主要来自处理废弃物的服务收入，废弃物处理后获得的产品收入，产业链延伸收入，农产品加工收入，以及政策性补贴收入。

三、技术模式

1. 模式流程 通过分散收集和集中处理对 5 种农村废弃物（畜禽粪污、种植秸秆、厕所污水、生活垃圾、生活污水）进行处理，根据农村对资源能源利用需求，利用不同的处理转换工艺形成产出物品来延伸产业链条。沼气用于提纯生物质天然气供应周边居民煤改气、发电。沼渣、沼液加工成标准水溶肥、有机肥用于种植。种植产出的农作物用于养殖。由一个团队运营，形成一个综合体。

2. 收运模式 采用"免费打捆、分散收集、集中处理、有偿运输"方式，每个站配备秸秆打捆机、自动捡拾机，为周边农民免费打捆、分点收集（每个站配置临时收集点）、有偿运输（每捆1元，现金结算）、集中运到处理站处理，解决秸秆禁烧难题，同时保障站内原料供应，转换成资源（图1）。

秸秆打捆

田间收集

秸秆收运

有偿运输

图1 秸秆收运

每个养殖场只需建一个集水井，配置搅拌装置，粪污定时通过污水收集车运输至处理站，养殖场只需专心养殖，支付低额治污费用，由专业治污公司来运营，解决治污难、管理难的问题（图2）。

周边居民旱厕改水厕，厕所污水经过管道输送到临时污水收集点，通过污水收集车运输至处理站，集中处理（图3）。

每个处理站旁边建立垃圾填埋场，生活垃圾鼓励分类收集，通过垃圾运输车运至填埋场进行填埋，垃圾在降解过程中也会产生沼气，与处理站气体并网净化利用，经过降解后的生活垃圾可作苗木花肥使用（图4）。

周边居民生活污水，经过管道输送到临时生活污水收集井，通过污水收集车运输至处理站，进行处理（图5）。

3. 处理技术 利用厌氧发酵技术处理养殖污水和农村废弃物，包括种植秸秆、居民生活垃圾、餐厨垃圾等。建立的"养殖污水处理后沼液回流浸泡秸秆厌氧发酵"独特技术不但节约运行成本，而且厌氧发酵效率高，产生的沼气直接供居民烧水做饭和照明使用，或发电并网、生物质提纯；沼渣用作有机种植底肥和无土栽培基料，沼液作冲施肥、喷施肥用于生态农业示范园中莲藕塘、蔬菜、瓜果基地使用，真正实现变废为宝，既解决了秸秆焚烧带来的二次污染，净化了环境，又变废为宝，获得优质气体燃料和优质有机肥料，实现了污染物的减量化、无害化和资源化。见图6。

猪舍饮水设施

集水池

运输车辆

厌氧发酵设施

图 2　畜禽粪污收集

水冲式厕所

污水暂存设施

污水收集车

图 3　厕所污水

垃圾收集站

垃圾收集车

图 4　生活垃圾收运

生活污水收集管道

污水处理

图 5 生活污水处理

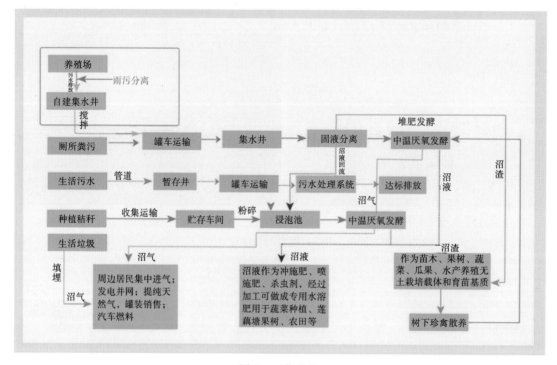

图 6 工艺流程

4. 利用模式

(1) 沼气 供站内使用及周边居民生活用气（解决农村煤改气问题），提纯成生物质天然气、工业用气或天然气并网。

(2) 沼渣 可作为无土栽培基质、育苗载体、大田底肥、加工有机肥销售。

(3) 沼液 根据不同农作物、不同生长周期和所需营养元素的不同，调配成不同农作物的专用水肥、冲施肥、喷施肥、杀虫剂，提供液态肥便于农作物吸收。

四、效益分析

1. 经济效益 公司通过运营获得服务收益；产出沼气、沼液、沼渣等产品销售获得收益；流转土地发展现代农业，生产安全有机农副产品获得收益以及获得政府相关优惠政策补贴等。种植经营主体通过低成本优质肥料，提高农产品品质，获得收益。养殖经营主体可降低治污成本，绿色养殖，获得收益。基层组织、小农户、农民通过订单合同、合作制、股份制等形式获得收益；加工业、服务业，通过打造区域品牌，实现产业融合，获得收益。

2. 社会效益 建设农村废弃物处理资源转换站，促进了规模养殖场粪污和农作物秸秆资源化利用，有利于节能减排与资源综合利用，治理污染，改善环境卫生条件，创建优美环境。每个综合体可带动就业岗位 300 余个，拉动周边经营主体、基层组织、村民参与，实现造血功能，减轻政府财政负担，实现可持续运营。

3. 环境效益 通过农村废弃物资源化利用处理站集中处理农村面源污染，解决长期以来农村"脏、乱、差"的局面，改善居民生活环境，加快建设美丽乡村的步伐。

4. 生态效益 本项目为畜禽粪污、农作物秸秆、厕所污水、生活污水、生活垃圾处理及能源转换工程，具有良好的生态效益。将厌氧消化残留物加工成为优质有机肥出售，可大幅减少氮磷钾肥施用量，增加土壤肥力，减少土壤板结现象，促进农业的可持续发展，为农产品的品质提供保障。